Dr. med. vet. Vera Biber

Futterprobleme beim Hund

Vorbeugen und natürlich behandeln
Auslöser erkennen und vermeiden

animal Learn®
VERLAG

Alle Angaben wurden sorgfältig recherchiert und beruhen auf eigenen langjährigen Erfahrungen der Autorin als Tierärztin und Züchterin. Bei allen Ratschlägen müssen jedoch Umsicht, Verstand, momentane Gegebenheiten und eigene Verantwortung berücksichtigt werden, weshalb jegliche Haftung der Autorin und des Verlags ausgeschlossen werden. Bei Krankheit eines Tieres ist in jedem Fall ein versierter Tierarzt/ Heilkundiger aufzusuchen!

ISBN 978-3-936188-41-7
Lektorat: Elke Franz
Fotos: Dr. med. vet. Vera Biber, Daniela Walzer (Titelfoto), Gabi Henrich, Annette Gevatter, André Huttenberger, istockphoto, fotolia, pixelio
Satz & Layout: Annette Gevatter, Riegel a. K.
Druck: Druckerei Mack GmbH, Schönaich

animal learn Verlag
Am Anger 36, 83233 Bernau
Email: animal.learn@t-online.de
www.animal-learn.de

Inhaltsverzeichnis

Seite

Vorwort ... 5

Kapitel 1: Der Darm, nicht nur ein Verdauungsorgan ... 9
- Der Darm als Drüsenorgan ... 9
- Der Darm als Entgiftungsorgan ... 48
- Der Darm als Immunorgan ... 57
- Der Darm als Stressorgan ... 63
- Warum ist der Säuregrad des Darminhalts so wichtig? ... 69

Kapitel 2: Wann ist eine Darmsanierung sinnvoll? ... 70

Kapitel 3: Wie führt man eine Darmsanierung beim Hund durch? ... 83

Kapitel 4: Ein Kapitel zur vegetarischen Fütterung ... 93

Kapitel 5: Gesunder Darm – gesunder Hund ... 119

Anhang ... 127
- Die häufigsten Fragen von Hundehaltern ... 128
- Liste der Komponenten ... 136
- Wirkungsweise einiger natürlicher, für Hunde geeigneter Komponenten ... 139
- Zusammenstellung der Komponenten nach therapeutischer Wirkung ... 145
- Stuhlkontrolle ... 149
- Solutionfinder: Umstellungsplan mit tabellarischer Problemlösung ... 151
- Kontakt ... 153
- Literatur ... 154
- Über die Autorin ... 155
- Stichwortverzeichnis ... 156

Unsere Nahrungsmittel
sollten Heilmittel,
unsere Heilmittel
Nahrungsmittel sein.

Hippokrates
(460 v. Chr. – 370 v. Chr.)

Vorwort

Auf meinen Seminaren, Vorträgen, Workshops und beim Kontakt mit meinen Lesern wird mir immer wieder die gleiche Frage gestellt, nämlich: „Welches Futter empfehlen Sie?“ Viele Hundehalter sind verzweifelt, weil sie schon so viele Futtermarken – mit mehr oder weniger Erfolg – ausprobiert haben. Mehr als die Hälfte der beim Tierarzt vorgestellten Hunde haben heutzutage Verdauungsstörungen und/ oder Allergien. Dagegen gibt es kein Patentrezept und selbst eine Erklärung für diesen Zustand lässt sich nicht in zwei Sätzen finden, zumal sie gleich weitere Fragen aufwirft: „Welche Fütterung halten Sie als naturheilkundlich denkende Tierärztin für die gesündeste?“ „Kann ich der Diktatur der Tüte oder Dose noch entkommen und falls ja, wie?“ und „Wie führe ich eine Darmsanierung durch, wenn mein Hund schon unter chronischen Magen-Darm-Störungen leidet?“ Meist wird hier aber schon die falsche Frage gestellt, nämlich „Was hat mein Hund denn?“ Die Frage müsste aber eigentlich heißen: „Was fehlt ihm?“ Und diese Frage möchte ich Ihnen im vorliegenden Buch beantworten.

Darüber hinaus möchte ich die wichtigsten Aspekte einer gesunden Fütterung auf den Punkt gebracht zusammenfassen, denn nicht jeder Hundehalter hat die Zeit und die Möglichkeit, durch Recherchen, Fortbildungen und dem Studium von Fachliteratur selbst zum Ernährungsexperten für seinen Hund zu werden. Meine eigenen Erfahrungen auf diesem Gebiet fielen übrigens nicht immer kongruent mit dem Schulwissen aus und ich bin froh, dass ich mich heute in der Lage befinde, nur die Empfehlungen auszusprechen, die wirklich meiner Überzeugung entsprechen.

Bei oben genannten Krankheiten und noch vielen weiteren hilft eine an das Individuum angepasste Ernährungsumstellung mit anschließender Rohfütterung, die seiner Art gerecht ist. Ein immer größerer Teil unserer Hunde leidet heute nicht nur an Futterunverträglichkeiten, die von Blähungen, Aufstoßen, Durchfall, Erbrechen oder Appetitlosigkeit (29%) begleitet sind, sondern auch an chronischen Hautproblemen (31%), Übergewicht (29%), Zahnproblemen (32%) oder Gelenkerkrankungen (24%) (Branchenforum 2005). Verhaltensstörungen werden in den Statistiken überhaupt nicht berücksichtigt, denn die wenigsten Tierärzte wissen überhaupt etwas über die Zusammenhänge zwischen diesen Beschwerden, schwerer Erziehbarkeit oder mangelnder Stubenreinheit und Ernährung. Das alles muss nicht sein, ist keineswegs als normal zu betrachten und unvermeidlich hinzunehmen. Aber erwarten Sie bitte keine Begeisterung Ihres Haustierarztes für Ihre neue Fütterungsmethode! Er/ Sie wird Sie eher warnen, denn er/ sie möchte sein Diätfutter verkaufen. Der Heiler wurde mehr und mehr zum Händler. Ich sage nicht, dass Diätfuttermittel nicht helfen, aber ich sage, dass sie auf Dauer zu teuer sind und die eigentliche Ursache nicht beheben. Die allerwenigsten Tierärzte sind auf Diätetik spezialisiert. Selbst in der „Gesellschaft für Ganzheitliche Tiermedizin" muss man Spezialisten auf diesem Gebiet wie die berühmte Stecknadel im Heuhaufen suchen. Hat man schließlich einen gefunden, möchte man doch eigentlich voraussetzen, dass er mehr kann, als nur Diätfutter in Dosen oder Tüten zu verkaufen.

Zu Risiken und Nebenwirkungen von Industriekost befragen Sie ebenfalls lieber nicht Ihren Tierarzt, denn er kennt sie nicht. Ernährungsthemen werden in Fortbildungen eher wenig besucht und sowieso nur von Herstellern mit ökonomischem Tunnelblick abgehalten. Aber trotzdem vertrauen 14% der Tierhalter primär auf die Beratung des Tierarztes, 5,8% halten sich an die Empfehlungen des Züchters und 4,1% an die des Zoofachhändlers. Der Rest experimentiert mehr oder weniger planlos zwischen Eigenversuchen und gelegentlichem bis ständigem Futterwechsel (Branchenforum 09/ 2007).

Wer wissen will, wie er seinen Hund und dessen Verdauung gesund erhalten kann, kommt nicht umhin, sich mit seiner Ernährung zu beschäftigen. Die Fütterung Ihres Hundes sollte keine trockene Angelegenheit sein und der Weg zur Fitness Ihres Hundes führt nicht über die Apotheke, sondern über seinen Futternapf. Und zwar mit „selbst gemacht“ statt „selbst aufgemacht“! Es geht mir in diesem Buch nicht darum, Ihnen Tipps für die Beseitigung von Krankheiten zu geben, vielmehr möchte ich Ihnen genügend Kenntnisse vermitteln, dass Sie die Gesundheit Ihres Hundes fördern und erhalten können.

Ich wundere mich immer wieder über die Menschen, die gesund

„Selbst gemacht“, nicht „selbst aufgemacht“ sollte die Devise bei der Hundefütterung sein!

und bewusst leben, aber die Ernährung ihres Hundes, den sie doch eigentlich lieben, kritiklos in die Hände von industriellen Fooddesignern legen. Wenn Sie eine Futterumstellung planen, so ist es wichtig, über eine Darmsanierung für Ihren Hund nachzudenken, sofern dieser bisher nur Fertigfutter erhalten hat und jetzt auf Barfen umgestellt werden soll. „Barfen" heißt „Biologisch, artgerecht, roh füttern" und diese Ernährungsform kann mit wenig oder ganz ohne Getreide durchgeführt werden. Ich empfehle mein Komponentenfutter – das ich im Folgenden ausführlich erkläre – abwechselnd mit rohen Fleischknochen und inneren Organen zu geben. Ich werde Ihnen auch erklären, warum ich diese Ernährungsform für die beste und gesündeste halte, die unter unserer menschlich-zivilisierten Haltungsumwelt noch möglich ist, übertroffen nur noch von frisch geschlagener Beute eines wild lebenden Kaniden. Eine alte Weisheit sagt:

„Gesundheit beginnt im Darm."

Lebensfreude pur durch gesundes, artgerechtes, rohes Futter.

Der Darm – nicht nur ein Verdauungsorgan

Der Darm als Drüsenorgan

Wenn wir vom Darm in seiner gewöhnlichsten Funktion sprechen, denken wir normalerweise in erster Linie an seine Aufgabe der Verdauung, an diesen vielfach im Bauchraum gewundenen Schlauch, der das, was wir vorne als „Brennstoff" hineingeben mit zusammenziehenden Bewegungen befördert und Unbrauchbares hinten wieder von sich gibt. Dazwischen liegt der wahrhaft verschlungene Weg der Ausnutzung des Angebots, vom Maul bis zum After, unabdingbar für alles, was Leben, Aktivität, Wachstum und Gesundheit ausmacht. Wir nehmen diese Zusammenhänge als die natürlichste Sache der Welt hin und erst wenn dieser Prozess von der Norm abweicht, werden wir uns bewusst, dass diese Selbstverständlichkeiten an den verschiedensten Punkten störanfällig werden können. Diese Störungen können durch Fremdkörper, Tumore, Funktionsstörungen anderer Organe, virale Allgemeinerkrankungen mit Fieber, Parasiten an Ort und Stelle, Bakterien, Hefen und Pilze oder durch falsches Futter hervorgerufen werden. Besonders die letzten drei Punkte sollen in diesem Buch erörtert werden, bei schweren Allgemeinsymptomen sollte aber unbedingt ein guter, auf innere Medizin spezialisierter Tierarzt aufgesucht werden.

Welche Fehlerquellen beim Füttern können auf Dauer zu Darmproblemen und Entwicklungsstörungen führen? Hauptsächlich drei, nämlich

a) falsche Menge
b) falsche Temperatur
c) ungünstige Zusammensetzung

Falsche Menge

Die zugeführten Kalorien stehen nicht im rechten Verhältnis zum Verbrauch. Logischerweise verbraucht ein zum Beispiel im Agility trainierter Hund mehr Energie als einer, der hauptsächlich auf dem Sofa liegt. Ein zu dicker Hund hat aber nicht nur ein Überangebot an Energie in seinem meist mit viel zu viel Kohlehydraten überladenen Futter, das er durch Bewegung nicht ausreichend verbrennen kann, sondern auch eine Störung der Sättigungsregulation seines Säurehaushaltes und fast immer einen Vitalstoffdefizit, denn sonst würde er gar nicht erst so einen wahrhaft tierischen Hunger entwickeln. Ein psychisch gesunder Hund überfrisst sich nicht an artgerechter Nahrung! Kennen Sie ein dickes Kind, das sich an frischem Obst und Gemüse unförmig gegessen hat? Wahrscheinlich nicht. Ebenso wenig überfrisst sich ein Hund an Rohfleisch, er bricht es allenfalls wieder aus, um es später wieder zu sich zu nehmen. Frischfleisch besteht zu 80% aus Wasser, ebenso wie rohes Gemüse, Obst und Kräuter, somit finden diese Bestandteile ihre natürliche Volumengrenze in der Aufnahme. Die Menge ist richtig, wenn ein erwachsener Hund bei einmaliger Fütterung am Tag gerade einen kleinen Rest in der Schüssel lässt. Seine Rippen sollen tast-, aber nicht sichtbar sein.

Für große Rassen muss die tägliche Fleischmenge natürlich reichlicher bemessen sein als für kleinwüchsige.

Kleine Rassen sind oft kalorisch überernährt, riesenwüchsige Rassen zuweilen unterernährt. Als ich den Patientenbesitzer einer Deutschen Dogge darauf ansprach, sein Hund könne ruhig etwas mehr auf den Rippen haben, bekam ich zur Antwort: „Aber der bekommt jeden Tag mindestens ein Kilo Fleisch!“ Ein Kilo Fleisch? Eine lächerliche Portion für eine Dogge! Wenn Sie vom Gewicht 80% abziehen, nämlich das Wasser, bleibt ein Händchen voll energiereicher Trockensubstanz. Das reicht für einen Hund, der größer ist als ein Wolf, einfach nicht aus. In diesem Falle empfehle ich der Kalorien wegen auch den Zusatz von Getreide und Fett, meist fehlen aber auch andere Vitalstoffe.

Probieren Sie einfach aus, was Ihr Hund am liebsten mag. Aller Wahrscheinlichkeit nach wird es nicht das lieblose Fast-Food Trockenfutter sein, für das er sich entscheidet. Tierliebe geht doch auch durch den Magen, oder?! Und durch die Nase natürlich. Lassen Sie Ihren Hund also selbst (mit)entscheiden. Wurde er allerdings schon von klein auf mit Fertigfutter ernährt, kann es sein, dass seine Instinkte schon so weit degeneriert sind, dass auch die Entscheidungsfindung für naturbelassenes Futter nicht mehr gegeben ist.

Unser Zögling braucht für sein Überleben genauso wenig Getreide wie ein Wolf, denn wenn dieser sein Abendessen jagt, ist das sicher kein Maiskolben. Trotzdem füttere ich als einen Bestandteil Getreide. Der Hauptgrund hierfür ist, das ich mehrere große Hunde allein mit Fleisch einfach nicht satt bekomme. An Fleischabfälle ist heutzutage immer schwerer heranzukommen, weil die Industrie inzwischen wirklich alles selbst verwertet und die meisten Metzger nicht mehr selber schlachten. Aber selbst wenn Sie nicht in der Nähe eines Schlachthofs wohnen,

Frische Schlachtabfälle sind als Hundefutter ideal, leider jedoch oftmals schwer zu beschaffen.

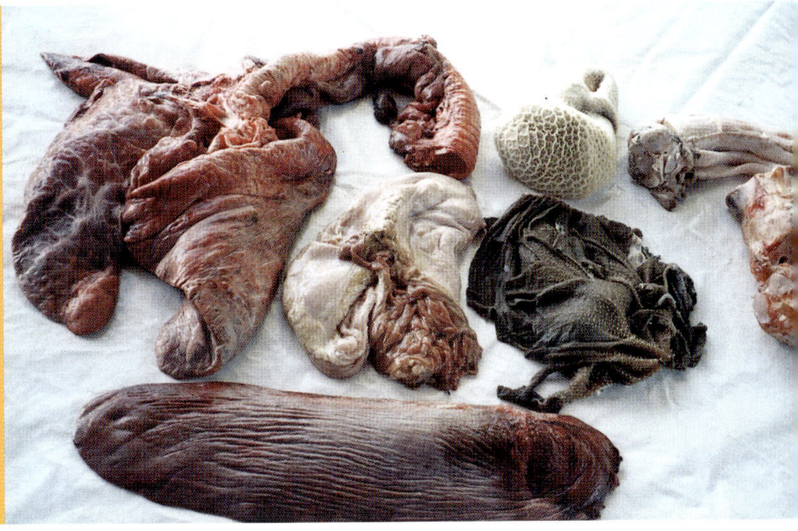

können Sie sich über das Internet Rohfleischlieferanten in Ihrer Nähe ebenso heraus suchen, wie Metzgereien, Fabrikläden, Geflügelhöfe oder Einkaufsgemeinschaften und inzwischen sogar Barfershops (www.barfu.de). Auch Hauslieferungen über das Internet sind möglich (www.pansen-express.de).

Der Mensch verzehrt nur etwa 50% des Gesamtgewichts eines Schlachttieres, die anderen 50% sind Nebenprodukte. Als solche werden die Anteile des Tieres bezeichnet, die für den menschlichen Verzehr ungeeignet, überflüssig oder schwer verkäuflich sind. Das heißt jedoch nicht, dass sie wertlos sind, denn der Mensch isst nun mal lieber Filet als Innereien. Für unsere Haushunde aber sind diese „Abfallprodukte" wahre Leckerbissen.

Ich habe mir zwar inzwischen extra einen Kühlschrank mit Gefrierfach nur für das Futter meiner Tiere angeschafft, in dem sich auch gut Reste für den nächsten Tag aufbewahren lassen, ohne dass sie schlecht werden oder mit meinen eigenen Lebensmitteln in Kontakt kommen, aber manchmal vergesse ich abends, Fleisch aufzutauen. Dann lässt sich so ein Rest zum Beispiel noch mit etwas Reis strecken.

Durch Einfrieren kann immer frisches Fleisch bevorratet werden – die wichtigen Inhaltsstoffe bleiben dabei erhalten.

Ein kleiner Anteil von Getreide in der Futterration wirkt stabilisierend auf die Kotkonsistenz.

Viele riesenwüchsige Rassen haben eine unnatürliche Über-Wolfs-Größe, die mit Fleisch allein kaum in einen ansehnlichen Ernährungszustand zu bringen ist. Aber da man sich doch am Anblick seiner Hunde freuen und keine Hungerleider um sich haben möchte, kann hier der Einsatz von Getreide sinnvoll sein. Als Anhaltspunkt: Ein Wolf, in etwa vergleichbar mit Schäferhundgröße, frisst in der freien Natur an einem Tag 1,5 – 4 kg Fleisch und Fleischnebenprodukte, allerdings nicht unbedingt täglich.

Ein weiterer Grund ist, dass sich mit Hilfe des Getreides alle anderen Zusätze leichter vermengen lassen, ohne dass man sich mit der Zerkleinerung des Fleisches zu sehr abmühen muss. Außerdem wirkt ein kleiner Teil Getreide stabilisierend auf die Kotkonsistenz, weil es Wasser bindet und durch seinen Volumenanteil die Peristaltik anregt.

Sollten Sie feststellen, dass Ihr Hund auf Getreide mit Durchfall, Allergien, Ekzemen oder Hyperaktivität reagiert, können Sie diese Komponente auch unbesorgt weglassen. Sie ist für einen Fleischfresser nicht lebensnotwendig. Bei kleinen Rassen fällt die reine Fleisch-Gemüse-Rohfütterung ohnehin finanziell nicht so sehr ins Gewicht wie bei großen.

Nicht nur der Darm, sondern der gesamte Stoffwechsel ist bei übergewichtigen Hunden durch die schiere Menge, die im wahrsten Sinne des Wortes zur Verarbeitung ansteht, überfordert. Kommerzielles Trockenfutter hat eine unnatürlich hohe Energiedichte durch Getreidekohlehyd-

Kommerzielles Trockenfutter hat eine unnatürlich hohe Energiedichte durch Getreidekohlehydrate und Trocknung.

rate und Trocknung. Durch letztere kommt es zu einer vierfachen Erhöhung der Kalorien im Vergleich zum Fleisch. Zusätzlich werden die angegebenen empfohlenen Fütterungsmengen meist im Sinne des Herstellers überdosiert und so kommt es dann auch oft zum Beförderungsstillstand, sprich zur Verstopfung. All das führt zu Übergewicht und dem sollte nicht mit der seit 2007 in den USA neu erfundenen Hunde-Appetitzügler-Pille begegnet werden, sondern mit einer gesünderen Ernährung.

Ist nämlich die Darmpassage zu langsam, bleiben Stoffe, die ausgeschieden werden sollen, weil sie für den Organismus unnütz, schädlich oder sogar giftig sind, zu lange im Körper. Sie bewirken auf Dauer eine schleichende Ansammlung von Schlacken im Organismus, welche weitere Schäden verursachen.

Falsche Temperatur

Natürlich kommt normalerweise niemand auf die Idee, dem Hund zu heißes Futter vorzusetzen, eher ist es so, dass dieser sich aus Versehen, aus Gier oder Futterneid über etwas hermacht, das eigentlich gar nicht für ihn bestimmt ist. Zu Heißes verbrennt nicht nur die Schleimhäute und schmerzt, es zerstört auch Enzyme in der Nahrung und im Körper, die für die Verdauung unentbehrlich sind. Später darüber mehr. Wenn Sie also Reis gekocht oder Haferflocken überbrüht haben, rühren Sie zur Temperaturkontrolle mit Ihrem Finger um, bevor Sie es Ihrem Hund vorsetzen! Körperwarm bzw. Zimmertemperatur sollte die bevorzugte Servierweise sein. Vermeiden Sie bitte das Erwärmen in der Mikrowelle, weil dadurch die natürliche molekulare Struktur von Eiweiß verändert wird und alle Enzyme zerstört werden. In England wurde hierzu folgender Versuch durchgeführt: Einige Dutzend Katzen wurden ausschließlich mit in der Mikrowelle behandelter Tiernahrung zur freien unbegrenzten Aufnahme gefüttert. Nach kurzer Zeit waren abnorme Reaktionen, übersteigerte sexuelle Aktivität und übermäßige Aggressionen feststellbar und nach nur einem Monat waren alle Katzen verendet.

Zu kalte Nahrung kann einen Verdauungsschock bewirken. Wahrscheinlich wird niemand auf die Idee kommen, einem Hund gefrorenes Futter vorzusetzen, aber Futter aus dem Kühlschrank schon. Manche Hunde vertragen das, andere reagieren darauf jedoch empfindlich. Bekannter sind die Symptome nach dem Fressen von Schnee wie Magenschleimhaut- und Mandelentzündungen mit kurzem, trockenem Husten und Erbrechen von Schleim oder auch Appetitverlust. Diese Symptome können sich auch nach Trinken von Eiswasser im Winter oder Verfüttern von Eis einstellen. Übrigens auch von Hundeeis, und ja... so was gibt's!

Das Erwärmen von Nahrungsmitteln im Mikrowellengerät verändert die natürliche molekulare Struktur des Eiweißes und zerstört sämtliche Enzyme.

Achten sie darauf, dass das Futter zimmerwarm gegeben wird, um Magenverstimmungen vorzubeugen.

Ungünstige Zusammensetzung

Hier kommen wir schon zur zentralen Frage, was die Gesunderhaltung nicht nur des Darmes, sondern des gesamten Hundeorganismus ausmacht. Wie sollte ein vollwertiges Futter für den Hund beschaffen sein?

Eine ausgewogene Nahrung sollte folgende Bestandteile enthalten:

I. a) wenig Kohlehydrate
   b) Proteine
   c) Fette
   d) Vitamine
   e) Makronährstoffe bzw. Mengenelemente
   f) Spurenelemente bzw. Mikronährstoffe

Weniger bekannt sind weitere Vitalstoffe:

II. g) Ballaststoffe
   h) Ultraspurenelemente
   i) sekundäre Inhaltsstoffe
   j) Enzyme
   k) lebende Bakterien
   l) zellgebundenes Wasser
   m) Biophotonen

Komponentenfutter aus Fleisch, Gemüsemix und wenig Getreideflocken – gut durchmengt eine ausgewogene Nahrung für den Hund.

Ich definiere hier Vitalstoffe als sämtliche Begleitstoffe natürlicher Nahrung mit einem lebendigen Anteil in der von der Natur vorgegebenen unverfälschten Zusammensetzung. Das Wort „natürlich", das ich hier gebrauche, entspricht nicht der gesetzlichen Definition, die es aber im Grunde gar nicht gibt, da hier „natürlich" nichts anderem als unnatürlich und künstlich-chemisch entspricht, denn auch wenn zum Beispiel bei Aromen "natürlich" draufsteht, sind diese in Wahrheit „echt künstlich"!

Teil I der primären Inhaltsstoffe ist leicht zu bewerkstelligen: Man unterscheidet zwischen Kohlehydratträgern wie Getreide, Flocken, Reis, Mais, Weizenkleie usw. und Proteinträgern wie Fleisch, Innereien, Fisch, Milchprodukte. Weil Soja viele wertvolle Aminosäuren liefert, wird es oft auch zu den Proteinträgern gerechnet. Beide Komponenten geben wir im Verhältnis ein Drittel zu zwei Dritteln. Aber um es nochmals zu sagen: Beim Hund gibt es keinen Mangel an Kohlehydraten, auch nicht, wenn es noch so oft in irgendwelchen Hundefutterbroschüren steht, die für Fertigfutter werben, die wiederum so gut wie alle auf Getreidegrundlage hergestellt werden. Also: Low Carb Diät für unsere fleischfressenden Begleiter!

Getreideflocken müssen für den Hund überbrüht, gekocht oder zumindest gut eingeweicht werden, um verdaut werden zu können.

Einzig und allein diese Kohlehydratträger müssen gegebenenfalls für den Hund gekocht, überbrüht, gepoppt oder zumindest gut zerkleinert und eingeweicht werden, da sie andernfalls unverdaut wieder ausgeschieden werden. Durch Kochen werden pflanzliche Zellwände und Enzymblocker zerstört. So wird der Nährwert für Fleischfresser erst verfügbar gemacht. Kohlehydrate sind Sattmacher und können einen Teil der Energie des Fleisches ersetzen.

Handelt es sich um Fleisch mit Fettanhang, haben wir auch Punkt Ic) schon komplett, ansonsten fügen

Fette und Öle gehören zu einer ausgewogenen Ernährung.

Obst und Gemüse sichern unter anderem den Vitaminbedarf.

wir etwas Schmalz, Pflanzenöl, Hühnerfett oder Fischöl zu. Egal, ob pflanzliches oder tierisches Fett, es gilt die Faustregel: Je flüssiger ein Fett, desto mehr wertvolle ungesättigte Fettsäuren enthält es. Deshalb ist Fischöl so wertvoll und Geflügelfett hochwertiger als Rindertalg. Im Fleisch von Wildtieren befinden sich Fette mit mehr ungesättigten Fettsäuren als in dem von domestizierten Tieren. Fette sind für Hunde lebenswichtig und zu 95% verdaulich.

Für die Vitamine nehmen Sie Gemüse, Obst oder Kräuter, was immer gerade in Ihrer Küche oder Ihrem Gemüsegarten anfällt, pürieren es roh in Ihrer Küchenmühle, dem Mixer, der Moulinette oder einem ähnlichen Gerät, das mindestens 750 Watt Leistung bringen sollte. Für die Ernährung meiner Hunde ist der Mixer geradezu unentbehrlich geworden. Einige Esslöffel, es sollen etwa 10% der Ration sein, mischen Sie unter die vorher genannten Komponenten. Sie dienen als Ersatz für die vorverdauten Pflanzen im Beutetier. Bei Übergewicht, Verstopfung und guter Akzeptanz dürfen es bis zu 30% sein. Die Zerkleinerung ist deshalb so wichtig, weil der Hund als Fleischfresser im Vergleich zum Pflanzenfresser nur einen kurzen Darm und damit eingeschränkte Kontaktzeit hat, um Vitamine aufzuschlüsseln und auch seine Fresswerkzeuge sind nicht auf ausgiebiges Kauen ausgerichtet. Im Gegenteil liegt es in der Natur des Wolfes und auch des Hundes, dass er schlingt, weil er schnell konsumieren will, da sonst nicht nur Rudelmitglieder, sondern sogar artfremde Konkurrenten wie Kojoten, Füchse oder Greifvögel (beim Hund wohl eher der Artgenosse oder die Hauskatze) ihm seine Nahrung streitig machen könnten. Die Menge an Grünzeug richtet sich nur nach der Akzeptanz Ihres Hundes. Ist er wählerisch, gibt man erst mal weniger, vielleicht 5% des Menüs, bei Übergewicht oder Verstopfung darf es bis über die Hälfte sein. Ziehen Sie preiswerte grüne und möglichst pestizidfreie Pflanzensorten vor.

Vitamine sind komplexe organische Moleküle, die selbst keine Energie liefern, aber lebensnotwendig sind für Nährstoffverwertung, Zellschutz und als Coenzyme für unzählige biochemische Abläufe. Ist frisches Grünzeug im Winter nicht zur Hand, tun es auch eine gequetschte Knoblauchzehe, Algen, Kräutermischungen für Hunde (keine Pillen, keine Pellets), ein wenig Alfalfamehl oder reine getrocknete Möhren-Schnitzel (z.B. von Alsa oder Olewo). Durch Erhitzen, Trocknen, Lagern oder Wässern werden allerdings viele Vitamine zerstört, deshalb ist die frische Verabreichung immer die vorteilhafteste.

Frische Kräuter enthalten zahlreiche Vitamine und Mineralstoffe in natürlicher Form.

Wenn Sie an grünen, ungewaschenen Pansen oder Blättermagen kommen können, ist das selbstverständlich eine viel artgerechtere Form der Vitaminzuführung in natürlich vorverdauter Form. Wenn ich beispielsweise durch Hausschlachtung Zugang zu ganzen Mägen habe, gebe ich bei Pflanzenfressern (Schaf, Ziege, Kuh, Wild, Pferd mit Weidegang, aber nicht Schwein oder Geflügel) den

Inhalt in eine Schüssel, die ich meinen Hunden zusätzlich hinstelle. Ich habe beobachtet, dass sie etwa zwei, höchstens drei Tage ein wenig davon fressen oder daran lecken, dann aber nicht mehr. Das entspricht etwa der Zeit der aktiven Enzyme und lebendigen Mikroorganismen. Vielleicht fällt Ihnen jetzt ein, was der Wolfsbeobachter Bloch in seinem Buch schreibt: „Wölfe lassen in der Regel Pansen unbehelligt liegen. Sie fressen mit Vorliebe den Darm nebst Inhalt, am liebsten aber alle Innereien wie Herz, Leber oder Nieren. Erst dann geht es ans Muskelfleisch." Für mich ist das kein Widerspruch, denn die wenigsten Hundehalter füttern ihren Tieren eklige Därme, in denen sich schließlich auch Kot befindet. Wölfe brauchen schlichtweg nicht unbedingt Pansen und dessen Inhalt, weil sie eine gesunde Fleischfresserflora haben und diese durch das Fressen von Därmen, Leber, Rohfleisch und deren Verunreinigungen mit Verdauungsinhalten usw. auch so in Gang halten.

Es empfiehlt sich, alle Zutaten, auch die Fleisch- und Getreidekomponente, alle zwei bis drei Tage abzuwechseln, weil jedes exzessiv gegebene Futtermittel oder Beifutter zu Schäden führen kann. Das schließt nicht aus, dass man bei chronischen Beschwerden bestimmte natürliche Zusätze regelmäßig anwenden kann, aber nie länger als drei bis maximal

Rinderdarm – ein Leckerbissen für unsere Hunde.

vier Wochen, dann sollte man für den gleichen Zeitraum pausieren, da die Wirkstoffe durch Gewöhnung ihre stimulierende Eigenschaft verlieren. Durch Abwechslung und Vielfältigkeit ist ein Defizit eines Vitalstoffes weitestgehend ausgeschlossen, da sich die verschiedenen Inhaltsstoffe gegenseitig ergänzen. Ebenso gleicht man dadurch ein ungesundes Überangebot oder eine mögliche toxische Akkumulierung eines Stoffes aus. Alle paar Tage Abwechslung an allen Komponenten beugt außerdem in Form einer Rotationstherapie dem Auftreten von Allergien vor. Zusätzlich weiß ich bei meinem Komponentenfutter genau, was ich füttere und so lassen sich auch Futterunverträglichkeiten schnell zuordnen.

Wenn Sie diese Zutaten frisch verwerten und alle paar Tage abwechseln, haben Sie nicht nur die Vitamine, sondern auch schon einige Mineralstoffe und Enzyme zugefügt. Alle diese Stoffe benötigen und unterstützen sich gegenseitig und so brauchen Sie garantiert keine Vitaminpillen zu kaufen. Ersetzen Sie lieber die Vielfalt der Apotheke durch die Vielfalt der Natur! Vitamin-Mineral-Zusätze machen den Vorteil des komplexen Zusammenwirkens jedes gesunden Futters zunichte. Ihr Geldbeutel und Ihr Hund werden es Ihnen danken, wenn Sie auf deren Einkauf verzichten.

Lassen Sie sich nicht von ellenlangen Vitamintabellen täuschen! Synthetische Vitamine sind so natürlich wie Plastik und werden anders verstoffwechselt als Vitamine im natürlichen Zusammenhang, gewissermaßen zwangsweise, weil sie in isoliertem Zustand vorliegen. Der Körper nimmt sie zwar bei Mangel gerne an, die eigene Synthese kann bei künstlicher Überversorgung aber gedrosselt werden. Natürliche Vitamine dagegen liegen in hunderten von verschiedenen chemischen Formen, gebunden an Eiweißstrukturen und

Natürliche Vitamine sind künstlichen in jedem Fall vorzuziehen.

fein verteilt vor, so dass der Organismus sie nur bei Bedarf herauslöst und dabei aktiv abspalten muss.

Wir finden Vitamine übrigens nicht nur in Pflanzen, sondern auch in tierischen Produkten. Hauptsächlich in frischer Leber und frischem Fisch, aber auch in grünem Pansen, ungereinigtem Blättermagen und frischem Pflanzenfresser-Darm mit Inhalt. Hier sind sie für den Hund als Fleischfresser optimal aufnehmbar, weil vorverdaut.

Viele Mineralstoffe sind auf diese Weise auch schon enthalten, ebenfalls Ballaststoffe. Die Mengenverhältnisse hängen von der Herkunft, dem Erntezeitpunkt und vom verwendeten Pflanzenteil des Gemüses oder der Kräuter ab. Bio ist besser als Supermarkt. Kräuter aus dem eigenen Garten oder frische Wildkräuter, die Sie selbst auf dem Spaziergang mit Ihrem Hund sammeln können, sind besser als Kräuterpillen.

Wildkräuter weisen einen sehr hohen Anteil an Biophotonen auf.

Wildkräuter haben eine doppelt so hohe Lichtausstrahlung als Biokräuter. Bei konventionellem Kauf sind 90% der Biophotonen bereits verloren gegangen. Was bedeutet das? Biophotonen sind winzigste Lichtteilchen, gespeicherte Lichtenergie, nicht sichtbares Licht der DNS des Zellkerns im UV-Bereich, durch das lebendige Zellen, und nur diese, Informationen austauschen. Jede Zelle sendet auf einer bestimmten Frequenz. Dieser Informationsfluss untereinander ist trotz unterschiedlichster Funktionen und Spezialisierungen elementar wichtig für den Zusammenhalt der Zelle und steuert ihre Stoffwechselprozesse. Diese Lichtquanten sind messbar und ein Indiz für die Lebendigkeit und auch die Gesundheit der Pflanze oder des Tieres. Diese Schwingung überträgt sich auf den aufnehmenden Organismus. Deshalb ist Frische wichtiger als Bio. Der Lichtgehalt der Nahrung ist so wichtig wie andere Vitalstoffe und ist ein gänzlich unbeachtetes Kriterium der Futterqualität. Er ist durch nichts zu ersetzen, denn Hunde sind keine Pflanzen, die Sonnenenergie direkt umsetzen können. Sie müssen sie indirekt aufnehmen, um ihre Batterien aufzuladen, um beispielsweise ihre Widerstandskraft gegen Allergien zu steigern.

Um Makroelemente (Kalium, Magnesium, Phosphor, Kalzium, Schwefel, Chlor, Magnesium usw.) und Spurenelemente (zum Beispiel Eisen, Jod, Zink, Mangan, Selen, Kupfer, Kobalt) brauchen Sie sich bei abwechslungsreichem Komponentenfutter keine großen Gedanken zu machen. Beide unterscheiden sich nur in der für den Organismus benötigten Menge. Hier gilt dasselbe wie für die Vitamine: Sie machen in isolierter anorganischer Verabreichung wenig Sinn, denn in natürlicher Nahrung liegen sie stets in komplexer Kombination vor und sind als Ionen oder Salze an größere Moleküle angedockt. Mineralstoffe sind lebensnotwendig für den Aufbau von Enzymen und Hormonen und für das Säure-Basen-Gleichgewicht im Gewebe. Eine besondere Bedeutung kommt dem Kalzium zu, worauf ich bei der Welpenfütterung auch noch gesondert

Abwechslungsreiches Komponentenfutter versorgt Ihren Hund mit allen wichtigen Nährstoffen, Enzymen und Vitaminen.

eingehe. Ansonsten brauchen Sie sich nicht zu sorgen: Nicht einmal für den Menschen ist der einzelne Nährstoffbedarf bisher bekannt und zweifelsfrei festgelegt, weder für Vitamine noch für Mineralien und am wenigsten für Spurenelemente. Erst vor zwei Jahren wurden beispielsweise die Bedarfswerte für die Pferdefütterung so stark geändert, dass praktisch alle bisherigen Fertigfutter als überdosiert gelten müssen. Den Gesamtgehalt aller Mineralstoffe und Spurenelemente finden Sie als „Rohasche“ bei den Inhaltsangaben Ihres Fertigfutters deklariert.

Vielleicht winken Sie jetzt entsetzt ab: Nein, soviel Arbeit! In meiner Küche fällt kein Petersiliensträußchen, keine Knoblauchzehe ab, ich kaufe alles als Fertiggericht oder esse in der Kantine. Tatsächlich haben schon einige meiner Kursteilnehmer zugegeben, dass Sie sich um die Gesundheit ihres Hundes mehr Gedanken machen als um ihre eigene! Vielleicht nehmen Sie dieses Buch zum Anstoß, auch für sich selbst mehr Naturfrisches zuzubereiten und den Küchenplan sozusagen zum Wohle für Ihren Hund und für sich selbst umzustellen! Ihr Hund freut sich, wenn auch Sie fit for fun bleiben!

Frische und gesunde Nahrungsmittel tun nicht nur dem Hund, sondern auch dem Menschen gut und helfen, „fit for fun“ zu bleiben!

Selbst wenn Sie keinen Garten haben, Kräuter lassen sich sogar im Blumenkasten ziehen oder beim Spaziergang mit dem Hund sammeln. Frische Produkte verkauft Ihnen sonst gerne der Biobauer, der Naturkostladen oder eine Erzeugergemeinschaft in Ihrer Nähe. Auch auf dem heimischen Gemüsemarkt, im Reformhaus oder im Internet findet sich so manches.

Unter Ballaststoffen versteht man unverdauliche Nahrungsbestandteile, im allgemeinen pflanzliche Faserstoffe und Gerüstsubstanzen, die für den Dehnungs- und Beförderungsreiz des Darmes eine wichtige Rolle spielen. Sie binden Wasser und Schadstoffe und ernähren die Darmbakterien. Durch optimale Füllung wird die Muskulatur des Darmschlauches zu wellenartigem Zusammenziehen und damit zur Weiterbeförderung des Speisebreis angeregt. Fehlt dieser Reiz durch Unterversorgung oder durch zu große Leichtverdaulichkeit, mit denen die Fertigfutterhersteller ja immer werben, bleiben zu viele Giftstoffe zu lange im Organismus. Ist der Darm bei Übergewicht oder Fettsucht zu überladen, ist er überfordert und es kommt zu diversen Störungen. Zu dicke Tiere leiden zum Beispiel häufig an Darmträgheit. Bei kommerziellem Trockenfutter wird

Knochen und Knorpel sind wichtige Lieferanten von Kalzium und Phosphor und helfen bei der geregelten Verdauung.

Frische Schwarte mit Borsten und Unterhautfett ist der reinste „Darmputzer".

Regelmäßige Knochenfütterung dient auch der Zahnpflege.

die Darmfüllung oft durch zu viel schwer verdauliches Maismehlschrot und die Zugabe von Zuckerrübenabfällen erreicht. Natürlicher für den Hund sind aber eher schwer verdauliche Teile tierischen Ursprungs wie Sehnen, Faszien, Fell und Haut, Knorpel, Horn und eben alles, was so ein Schlachttier neben Muskelfleisch und Innereien noch so zu bieten hat und der Ernährung eines Wolfes oder Hundes näher kommt. Beispielsweise ist frische Schwarte mit Borsten und Unterhautfett der reinste Darmputzer und hilft beim Abtransport verbrauchter Zellen und als Schutz vor Knochensplittern. In Knochen finden wir zudem noch das lebenswichtige Mineral Kalzium, das nicht nur für Zahn-, Knochen- und Milchbildung von Bedeutung ist. Es wirkt zusätzlich antiallergisch, gefäßabdichtend und säureregulierend. Zur Direktfütterung eignen sich unter anderem Rippenstücke oder große Kalbsknochen.

95% aller Hunde über fünf Jahre leiden unter Zahnbelag oder Karies mit Folgeerkrankungen, da Fertigfutter eigentlich eine regelmäßige Zahnpflege nötig machen würde, die von den meisten Hundehaltern jedoch nicht durchgeführt wird. Knochen hingegen fungieren als natürliche Zahnbürsten und entfernen den Zahnstein und somit brauchen wir auch keine künstlichen Chlorophyll-Knochen oder Gummispielzeuge zur Zahnreinigung zu kaufen. Trotzdem sollte der Hundehalter re-

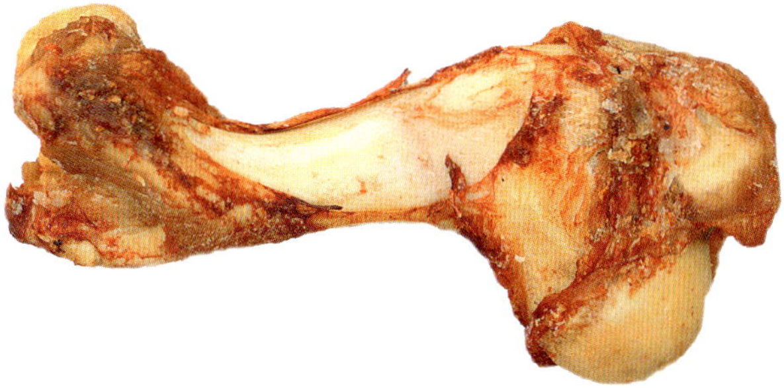

gelmäßig den Fang inspizieren, denn die Verdauung beginnt im Maul. Was nützt das leckerste Futter, wenn die Zähne weh tun? Der Zahnbelag ist hier ein unterschätztes Gesundheitsrisiko. Zuerst wird man einen unangenehmen Maulgeruch feststellen, der durch die flüchtigen Schwefelverbindungen, die den aktiven Maulbakterien entströmen, entsteht. Die können wir dort natürlich weder mit Yuccaextrakten gegen Hundegerüche, noch mit Hundeparfüms entfernen. Sie leben vor allem an den unteren Zahnhälsen und in Zahntaschen und rufen Entzündungen, Schmerz und mangelnden Appetit hervor und können dann in den ganzen Körper wandern, wo sie Probleme an Herz, Gelenken und Nieren verursachen können. Stellen Sie sich vor, Sie hätten sich 15 Jahre lang, so alt werden Hunde etwa, Ihre Zähne nie geputzt! Von klein auf mit rohen Knochen gefütterte Hunde entwickeln weit weniger Zahnbeläge als die mit Dosenfutter ernährten. Manchmal ist eine Entfernung mit Ultraschall durch den Tierarzt trotzdem unumgänglich.

Ballaststoffe sättigen, sorgen in Maßen verfüttert für voluminöseren, guten Stuhlgang und verhindern Übergewicht durch geringere Verdaulichkeit. Sie transportieren mit ihrer keineswegs wertlosen Fracht noch den einen oder anderen sekundären Begleitstoff.

Ultraspurenelemente sind seltene Elemente wie zum Beispiel Lithium, Germanium, Vanadium und andere, von denen man überhaupt noch keine Bedarfsnormen kennt und deren Lebensnotwendigkeit man erst in den letzten Jahren erkannt hat. Das einzige Präparat, das ich in dieser Hinsicht kenne, ist das „Ultra-Spur-Pulver“ von der Fa. Schecker, das in der Rekonvaleszenz und in der Wachstums- und Zuchtperiode empfohlen wird.

In konventionellem Hundefutter sind allerlei künstliche Zusatzstoffe enthalten, die die Minderwertigkeit der Ausgangsstoffe kaschieren sollen.

Auch sekundären Inhaltsstoffen wird zu wenig Beachtung geschenkt: Leber schmeckt anders als Niere, Lammfleisch anders als Fisch. Natürliche Geruchs- und Geschmacksstoffe sind also auch als Appetitstimulanzien und sinnliche Unterscheidungsmerkmale wichtig. Immer der Nase nach, könnte man meinen! Aber die Nase trügt, denn es werden immer mehr künstliche Aromastoffe eingesetzt, die die sensiblen Geschmacks- und Geruchsnerven mit der Zeit einseitig programmieren. Da sie hundertfach stärker wirken als natürliche, manipulieren sie nach und nach die Geschmacksvorlieben des Tieres im Sinne des Herstellers. Dazu gehören Glutamat, die Außen-Befettung von Kroketten, die innen gar kein Fett mehr haben, künstliche Eiweißstoffe, Zucker, Sojasoße, Süßstoffe, Zitronensäure und Aromastoffe vielfältiger Art. Nichts davon muss, ja manches darf nicht einmal deklariert sein und vermutlich sind all diese Zusätze ein Grund dafür, warum so mancher Hund Frischfutter anfänglich ablehnt.

Besonders bekannte natürliche tierische Bioaktivstoffe befinden sich beispielsweise in Lebertran, Thymus, Plazenta oder Pankreas, wo entsprechende Extrakte auch medizinisch verwendet werden. Auch in schlachtfrischen Abfällen gibt es natürliche Schleimstoffe, Pigmente, Sekrete, Hormone usw., alles bioaktive Substanzen, die eine Art natürliche Reiztherapie ausüben. Die Wissenschaft hört nicht auf, immer neue und bedeutungsvolle Stoffe dieser Art zu entdecken, allerdings schwerpunktmäßig in Pflanzen, wie ätherische Öle, Bitterstoffe, Farbstoffe, Gerbstoffe, Scharfstoffe, Duftstoffe, Parasitenschutzstoffe und so weiter. Es gibt Tausende davon. Hormone finden sich übrigens auch in Pflanzen. Sie können im tierischen Organismus bei Aufnahme ähnliche Wirkungen haben, wie zum Beispiel die Phytoöstrogene im Soja-Fleischersatz, die Sterilitätsprobleme verursachen können.

Richtig zubereitet helfen sekundäre Pflanzenstoffe bei der Resorption der Vitamine und Mineralstoffe durch die Darmschleimhaut. Ihre Verfügbarkeit für den Organismus ist deshalb im natürlichen Zellverbund um ein Vielfaches höher als in synthetischen Präparaten oder isolierten Extrakten, die als Monosubstanz auf die chemische Reaktion einiger weniger Moleküle reduziert sind und so eine andere, nicht authentische Information vermitteln. Gesicherte Studien zu bioaktiven Substanzen, sekundären Pflanzenstoffen und *functional food* an Heimtieren fehlen völlig. Dem Fertigfutter wird nur das zugesetzt, was bekannt ist, was der Gesetzgeber erlaubt und was billig herzustellen ist, alle anderen Mikrowirkstoffe fehlen einfach. Außerdem unterliegen diese natürlichen Regulationsstoffe bei herkömmlichen Verfahren einer Oxidation und sind damit wirkungslos.

Erst als es schon lange Fertigfutter für Katzen gab, hat man festgestellt, dass die Katze unbedingt Arachidonsäure und eine bestimmte Aminosäure, das Taurin, für ein gesundes Gedeihen benötigt. Ich bin davon überzeugt, dass man auch für Hunde noch mehr wichtige Stoffe finden wird, die eine bestimmte, noch unerkannte Funktion im Organismus haben. Wie sonst lässt sich erklären, dass das Heilungsspektrum von Komponentenfutter und Kräutermischungen so groß ist? So, wie der Darm die richtigen Nährstoffe aussuchen kann, so ist der Körper in der Lage, aus einem vielseitigen Wirkstoffangebot die für ihn brauchbaren Informationen zu filtern, wenn denn das Angebot zur Verfügung steht.

Katzen benötigen die Aminosäure Taurin (am besten in natürlicher Form) für eine gesunde Ernährung.

Einzelne pflanzliche Sekundärstoffe sind inzwischen gut erforscht und finden ihren therapeutischen Nutzen in der Phytotherapie. Die Heilung mit Pflanzen stellt die älteste Form der Therapie in der Geschichte der Menschheit dar. Nein, eigentlich ist sie noch älter, denn die Urmenschen haben die Selbstbehandlung mit Kräutern schon von den Tieren abgeschaut. Und auch heute können Pflanzen als schonende und verträgliche Naturheilmittel dienen, denn wie schon ein altes Sprichwort sagt: „Gegen jedes Übel ist ein Kraut gewachsen". Aber auch ganz normale Nahrungsmittel kann man gezielt zum Einsatz bringen. Der Unterschied liegt nur in der Dosis und der Häufigkeit der Verabreichung. Bei unserem Thema der Darmsanierung bedeutet das, dass ich dem Futter je nach momentanem Bedürfnis meines Tieres Kräuter, Gemüse, Obst und Tees mit regulierender, heilender oder vorbeugender Wirkung hinzufüge. Bioaktive Stoffe sind starke Waffen im Futternapf! Auch alle anderen Komponenten wählt man täglich nach individuellem Bedarf und Stuhlkontrolle aus (siehe Listen im Anhang und Solutionfinder). Längst nicht alle möglichen Kräuter sind dort genannt: Da kommen ebenso Melde, Beinwell, Borretsch, Melisse, Weinblätter, Giersch, Radieschenblätter, Spinat, Strünke von Brokkoli, Kürbisblätter und viele andere in Frage. Informieren Sie sich und sammeln Sie Erfahrungen!

Scheuen Sie sich nicht, den Kot Ihres Hundes sorgfältig zu begutachten.

Scheuen Sie sich nicht, täglich sorgfältig die Hinterlassenschaft Ihres Hundes in Augenschein zu nehmen und notfalls auch mit einem Stöckchen darin zu stochern, um genauer nachzuschauen. Je nach Befund können Sie so das Komponentenfutter individuell abstimmen. Ihr Tierarzt wird sich außerdem freuen, wenn Sie ihm schon genaue Angaben machen können, vielleicht sogar gleich eine Probe eingesammelt haben, sollte sich etwas Verdächtiges ge-

Kräuter in frischer oder getrockneter Form enthalten zahlreiche Bioaktivstoffe.

funden haben. Mit etwas Routine genügt dann nach einiger Zeit nur noch der dezente Blick, um rasch den Status quo zu erfassen.

Aber zurück zu unseren Bioaktivstoffen: Ich habe auch gute Erfahrungen mit getrockneten, käuflichen Kräutermischungen gemacht, die manche Firmen extra für Hunde und gegen bestimmte Unpässlichkeiten anbieten, so zum Beispiel gegen Nervosität, Darmstörungen, Bewegungsprobleme usw. Damit meine ich aber keine Pellets, die eine grobsinnliche Inhaltskontrolle unmöglich machen, thermisch aufbereitet und mit Füllstoffen angereichert sind, so dass die Wirkdosis meist zu niedrig und der Preis zu hoch ist, sondern reine getrocknete Kräutermischungen.

Vermeiden Sie auch Tabletten oder Dragees. Sie sind erhitzt und beim Pressen hohem Druck ausgesetzt. Außerdem beinhalten sie zusätzlich unnötige Hilfsstoffe zur Tablettierung wie Sorbitol, Siliziumdioxid, Titandioxid, Farb- und Konservierungsstoffe, Füllstoffe wie die allergene Mikro-Cellulose und Talkum als Trägersubstanz, die Ablagerungen in verschiedenen Organen, auch dem Gehirn, hervorrufen und sich dann als Tumore verkapseln können, sowie Farb- und Konservierungsstoffe. Eine übergroße Menge eines Einzelstoff-Extraktes kann zudem andere Schutzstoffe behindern. Alle Pflanzen wirken am besten in ihrem natürlichen Zusammenhang, in der fast unüberschaubaren Komplexität ihrer

Wechselwirkungen, sozusagen als sinnvoll schöpferische Komposition. Stellen Sie sich das vor wie ein Symphonieorchester, in dem Ihnen die Geige ganz besonders gut gefällt. Sie bitten also deshalb den Dirigenten, nur die Geige spielen zu lassen. Sicher ist der Geigenpart immer noch schön anzuhören, aber ihm fehlen die Resonanz, die Antwort und das Wechselspiel der anderen Instrumente. Wie eine einsame Geige wirkt auch ein künstlich extrahierter Stoff. Betrachten Sie den Organismus Ihres Hundes eher als ein millionenfaches Orchester, bei dem wir noch gar nicht wissen, wer da alles mitspielt – und nicht als Maschine, die es nur zu befüllen und bei Störungen zu reparieren gilt.

Einen wichtigen Anteil an der gesunden Ernährung für alle Tiere stellen die völlig vernachlässigten Enzyme dar. Das sind relativ große Eiweißmoleküle aus lebenden Zellen, die mit Hilfe von ganz bestimmten Vitaminen und Mineralien, also Nicht-Eiweißverbindungen als Coenzyme, Stoffwechselprozesse in Gang setzen bzw. erst möglich machen: Sie übertragen, spalten, verbinden oder bauen um, ja sie sind sogar in der Lage, zwischen gesunden und kranken Zellen zu unterscheiden, was man sich in der Krebstherapie und Wundbehandlung zu Nutze macht. Aber sie arbeiten sehr substratspezifisch und passen immer nur zu einer ganz bestimmten anderen Substanz. Jeder kleinste körpereigene Prozess braucht das ihm eigene Enzym. Im Organismus sind Tausende verschiedene Enzyme an allen möglichen biochemischen Prozessen wie der Blutgerinnung, Wundheilung, Abwehr oder der Verdauung beteiligt. Erst etwa ein Zehntel dieser Vorgänge ist erforscht. Besonders leicht erkennt die Forschung

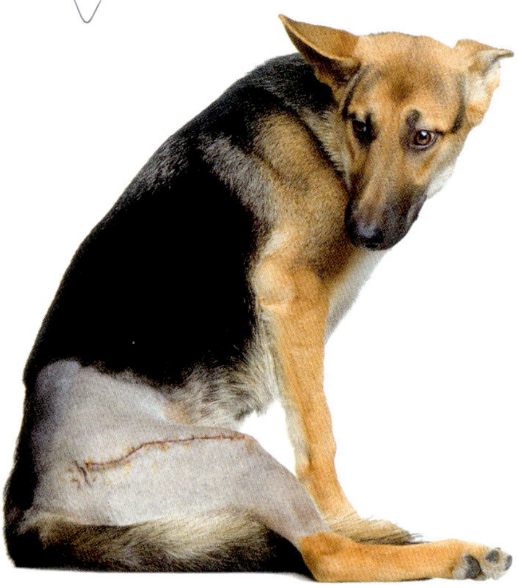

Enzyme spielen eine entscheidende Rolle für die bessere und schnellere Wundheilung.

die Funktion eines Enzyms, wenn es im Organismus auf Grund eines genetischen Fehlers nicht gebildet wird. Der Mangel eines einzigen Enzyms kann lebensbedrohlich sein, denn kein anderes Enzym kann es ersetzen. Enzymmängel können außerdem durch schleichende Schwermetallvergiftungen (Aluminium, Blei, Quecksilber, Zink) oder Pilztoxine entstehen. Daran erkennen wir, wie sehr die Umwelt in den Stoffwechsel eingreift, ohne dass wir auch nur die geringste Chance haben, all diesen Ursache-Wirkungs-Prinzipien genau auf die Spur zu kommen.

Auch verfaulendes Fleisch ist enzymatisch aktiv, es kommt auf die Lebendigkeit auf Zellebene an. Deshalb graben Hunde, wenn sie satt sind, Knochen und Fleischteile für magere Zeiten ein, weil sie dort kühl bleiben, aber durch den enzymatischen Abbauprozess leichter verdaulich werden. Mit dem Abhängen unseres Rindfleisches tun wir nichts anderes. Erstaunlich, wie gesund doch der Instinkt unserer Hunde noch ist! Und wie traurig, dass hund leider trockene Backmurmeln so schlecht vergraben kann. Jetzt wissen Sie auch, warum sich Ihr mit Fertigfutter ernährter Hund so leidenschaftlich für stinkige Fischköpfe, plattgefahrene Mäuse oder mumifizierte Frösche interessiert und gar nicht mehr hergeben will. Und was machen die entsetzten Herrchen und Frauchen,

Viele Hunde vergraben Knochen und Fleischteile und fördern damit unbewusst den wichtigen enzymatischen Abbauprozess des Zellgewebes.

während ihnen der Ekel ins Gesicht geschrieben ist? Sie versuchen, ihrem Hund diese Leckerbissen schnellstens wieder zu entreißen, nicht wissend, dass ihm die darin enthaltenen Enzyme Mangelstoffe sind. Man kann sie nämlich in kein einziges Fertigfutter einbauen, weil sie durch Erhitzung zerstört werden.

Es gibt aufbauende Stoffwechselprozesse, wie im Wachstum und abbauende, wie im Alter. Enzyme finden sich innerhalb lebender Körper und außerhalb derselben in allem Lebendigen. Für die Fütterung des Hundes sind die Enzyme im frischen oder angegangenen Fleisch von immenser Bedeutung, denn sie helfen dem Organismus bei der Verdauung. Durch sie müssen nicht so viele körpereigene Enzyme zum Zerlegen verbraucht werden. Besonders enzymreiche Organe sind grüner Pansen, frischer Blättermagen, Labmagen, auch Därme mit anhängenden Drüsen und die Leber. Auch Euter, Rohmilch, Sauermilch, Stinkkäse und Fisch sind sehr enzymreich. Viele Kräuter sind enzymhaltig, bei Obst haben Papaya, Kiwi, Ananas und Guaven die höchsten bekannten Enzymaktivitäten. Ananas und Kiwi eignen sich allerdings wegen ihrer Säure nicht besonders für die Hundefütterung.

Nahrungsmittel wie Milch, Käse, Fisch und Obst enthalten lebensnotwendige Enzyme.

Überreife Früchte und Fallobst haben eine höhere Enzymaktivität.

Die Enzymaktivität entwickelt sich am höchsten durch natürliche Sonnenreife. Deshalb geben Sie bitte grundsätzlich lieber Fallobst oder überreife Früchte, die wir vielleicht schon nicht mehr mögen, als grün geerntete, gespritzte oder begaste, die nur über einen Bruchteil ihrer bioaktiven Wirksamkeit verfügen.

Fehlende Enzyme sind ein ganz wesentlicher Mangel jeglichen Fertigfutters. Durch Erhitzen ist es enzymatisch tot. Enzymleere Nahrung verlangt vom Körper eine hohe, auf Dauer zu hohe und krank machende Verdauungsarbeit. Deshalb muss auch hocherhitztes Fertigfutter viel länger im Darm verbleiben als rohes, nämlich etwa drei Mal so lang. Hochverarbeitete Nahrung ruft außerdem Abwehrzellen auf den Plan, weil es der Organismus trotz Tausender von Generationen der Haustierwerdung immer noch nicht als natürlich ansieht, dass irgendwelche zugeführten Nahrungsstoffe solch hohen Temperaturen ausgesetzt wurden. Kein einziges Wildtier auf diesem Planeten nimmt seine Nahrung gekocht, gebraten, pasteurisiert oder sterilisiert und schon gar nicht aus der Dose zu sich! Daran ändert auch Fertigfutter nichts, das im so genannten Kaltwasserpressverfahren mit dem fast vollständigen Erhalt von Vitaminen wirbt. Der Hund lebt nicht von Vitaminen allein. „Kalt" bedeutet nämlich, dass trotzdem fast 50 °C bei der Herstellung erreicht werden, zu hoch für Enzyme und natürliche Eiweißbestandteile. Auch die so genannte moderne Kaltabfüllung täuscht den Verbraucher, denn die Ware wird zwar kalt abgefüllt, die verschlossene Dose dann aber mit 120°C heiß bedampft. So funktionierte schon das Einmachen in Omas Kupferkessel.

Enzyme finden sich nur in rohem Fleisch, da sie durch Hitze abgetötet werden.

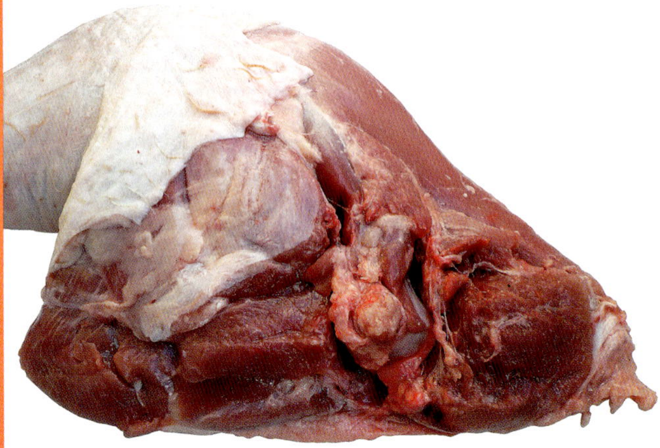

Futter, das Enzyme hat, ist also immer roh. Durch Hitze (bereits ab 40 °C) und Trocknung verlieren diese Inhaltsstoffe an Aktivität, durch Lagerung verändern sich die Enzymaktivitäten, bis sie ganz zum Erliegen kommen. Im rohen Fleisch und den Innereien von Rind und Schwein sind fast alle wichtigen Enzyme vorhanden. Die Enzymaktivität bleibt beim Einfrieren erhalten, lässt nach dem Auftauen aber schnell nach. Grundsätzlich schwinden bioaktive Stoffe durch kommerzielle Züchtung der Fleisch liefernden Tiere, den zu frühen Erntezeitpunkt der verwendeten Pflanzen, den Transport, die Lagerung und Verarbeitung. Bei der Erhitzung von Fleisch hat man über 100 verschiedene chemische, hoch komplexe Teilreaktionen gefunden und man ist weit davon entfernt, sie alle verstanden zu haben. Es entstehen außerdem Erbgut schädigende heterozyklische Amine, was von den Herstellern billigend in Kauf genommen wird und erklärt, warum sich bei positiv getesteten Fleischallergikern genau diese Allergie durch Rohfütterung verlieren kann.

Kälber, die ausschließlich mit sterilisierter, pasteurisierter oder homogenisierter, also toter, denaturalisierter Milch ernährt werden, überleben nicht. Bei einem Versuch mit Ratten, in dem eine Gruppe mit Rohmilch und die andere mit H-Milch gefüttert wurde, fand man bei der zweiten Gruppe einen signifikanten Unterschied in der Immunabwehr, insbesondere weniger Resistenz gegen Salmonellen. Die Tiere der ersten Gruppe hatten eine enzymreichere, abwehrbereitere Darmflora. Und in einem Zoo wurde folgender Versuch durchgeführt: Zwei Gruppen von Tieren bekamen das genau gleiche Futter, nämlich Fleisch, Rüben, Bananen. Der einzige Unterschied war, dass die eine Gruppe alles roh zu fressen bekam, während es für die andere zuvor erhitzt wurde. Die Tiere mit dem gekochten Futter entwickelten sich zuerst besser, wurden größer und fraßen mehr. Aber nach einigen Jahren, im so genannten „besten Alter", litten sie bereits unter Diabetes, Gelenk- und Herzerkrankungen, alterten schnell und einige starben vorzeitig an Krebs. Die Erklärung ist, dass der Körper eine Zeit lang durchaus enzymleere Nahrung ohne sichtbare Schäden verkraftet, dabei jedoch die Enzymreserven mit zunehmendem Alter abnehmen. Manche Hunde scheinen das innerlich zu spüren, deshalb interessieren sie sich so sehr für Stinkiges. Dabei gilt: Je stinkiger, desto enzymatisch aktiver, wie beispielsweise bei angegangenem Fleisch, Fisch oder stark riechendem Käse.

Vieles, was normalerweise nicht roh verspeist wird, enthält übrigens in ungegarter Form tatsächlich Nahrungsmittelgifte, wie zum Beispiel Bohnen, Kartoffeln, Eiklar oder Getreide. Nur in gegartem Zustand sind diese Lebensmittel genießbar und für den Organismus ungefährlich, dies sei aber nur am Rande erwähnt.

Kartoffeln dürfen ausschließlich gekocht verfüttert werden.

Es ist überdenkenswert, dass bei Versuchsanordnungen mit Hunden in Forschung und Medizin immer in blindem Vertrauen und völlig kritiklos standardisierte kommerzielle Trockenvollnahrungen gefüttert werden. Hierbei wird nicht berücksichtigt, inwiefern diese Tiere Ergebnisse verfälschen, weil das Kranke bereits zur Norm geworden ist und gerade solche Tiere als Standard beispielsweise für Laborwerte dienen.

Eine ausreichende Enzymversorgung durch natürliche Nahrung kann vor Krebs, Viren und vielerlei Krankheiten schützen und dient der Lebensverlängerung, da die eigenen Enzymspeicher, die beim Jungtier in seiner Entgiftungskapazität doppelt so effektiv sind wie bei einem alten Tier, nicht so schnell aufgebraucht werden.

Die Wichtigkeit lebender Bakterien wird ebenfalls unterschätzt, weil die Schulmedizin lange dem Irrtum unterlag, eine möglichst sterile Umgebung und keimfreie Nahrung würden vor Krankheiten schützen. Durch Erhitzen werden aber Toxine nicht entfernt, im Gegenteil zieht das so genannte *„processed food“* anschließend sogar noch schneller Schimmel und Futtermilben an, da diese von der Zersetzung von sterbendem oder totem organischen Material leben. Tierärzte empfehlen dann, das Trockenfutter zeitweilig einzufrieren. Das tötet zwar die Milben ab, aber das Futter ist jetzt sozusagen noch toter als tot.

Welpen nehmen für die Darmflora wichtige Bakterien mit der Muttermilch auf.

Ohne die Mitarbeit von Bakterien kann aber ein gesunder Darm nicht funktionieren. Hunderte verschiedene Arten bevölkern seine riesige, in viele Falten gelegte Oberfläche. Die „Guten“ sind immens wichtig für die Beimpfung des Darmes bei Neugeborenen. Durch Passieren des natürlichen Geburtsweges sowie Belecken und Säugen wird der Welpe mit der Schleimhautflora der Mutterhündin beimpft, später durch hervorgewürgtes, angedautes Futter von ihr. So wird der Welpe befähigt, später das gleiche Futter wie sie verdauen zu können.

Bereits frühzeitig mit rohem Fleisch ernährt können diese Welpen eine gesunde Fleischfresserflora des Darms entwickeln.

Allerdings haben heutzutage viele mit industriell hergestelltem Futter ernährte Hunde keine normale Fleischfresserflora mehr und können sie deshalb auch nicht weitergeben. Aus diesem Grunde vertragen manche Welpen, aber auch mit Fertigfutter ernährte erwachsene und ältere Hunde anfangs ihre natürlichste Nahrung auf der Welt, nämlich das Fleisch, nicht mehr. Nur noch 7,2% aller vom Tierarzt eingesandten Proben weisen nämlich auf eine gesunde physiologische Scheidenflora hin (Laboklin). Wie man Hunde, egal ob jung oder alt, krank oder gesund, auf natürliches Futter, wie zum Beispiel das Barfen, umstellt, beschreibe ich in Kapitel 3 und im Solutionfinder.

Bakterien werden laufend mit dem Kot ausgeschieden, eine gesunde Darmflora muss sich deshalb ständig neu regenerieren. Das bedeutet, dass die lebenden und lebenswichtigen Macher im Dunkeln optimale Vermehrungsbedingungen brauchen und/ oder von außen immer wieder aufgefüllt werden müssen. Weshalb sind die lebenden „positiven“ winzigen Untermieter im Darm so wichtig? Es handelt sich zum größten Teil um viele verschiedene Milchsäurebakterien, die den Keimbewuchs der Darmschleimhaut zugunsten der nützlichen Bakterien beeinflussen, dabei Krankheitserreger verdrängen, den richtigen Säuregrad stabilisieren, Fäulnis und Gärung im Darm hemmen, B-Vitamine produzieren, durch Bildung von Schutzeiweißen die Darm-Blut-Schranke gegen Krankheitserreger und Allergene verdichten und die Futterverwertung durch Produktion von proteolytischen Enzymen (Lactobacillus lactis, Enterococcus faecium) fördern. Andere helfen bei der Verdauung der pflanzlichen Fasern (Lactobacillus plantarum). Ein kleiner Teil der gesunden Flora besteht auch aus Hefen und Schimmelpilzen. Sie leben vor allem von Kohlehydraten, Getreide, Hundekeksen und süßen Leckerchen. Dem ohnehin schon kohlehydratreichen Trockenfutter fügt man zur Appetitsteigerung noch Karamell oder Fabrikzucker zu. Deshalb erhöht sich die Zahl der Pilze im Darm, wenn das Futter vermehrt diese Stoffe enthält. Es kommt dann zu Gärprozessen im Dickdarm mit Gasentwicklung, also vermehrtem Pupsen. Je besser diese Darmkeime gefüttert werden, das heißt, je mehr Unverdauliches bis in den Dickdarm vordringt, desto mehr übelriechende Gase wie Methan, Wasserstoff, Kohlendioxyd, Schwefelwasserstoff, Indole und Skatole werden gebildet. Fleisch und Fett sind hingegen für Hunde hochverdaulich, deshalb scheiden sie danach nur wenig Kot aus. Zusätzlich haben Sie nur selten Probleme damit, dass Ihr Hund das Wohnzimmer „eingast".

Viele Verhaltenssauffäligkeiten werden durch die Ernährung beeinflusst – „Gift macht giftig"!

Unphysiologische Floraverschiebungen können alkoholähnliche Wirkungen auf den Gehirnstoffwechsel haben und dann hyperaktive Verhaltensweisen, mangelhafte Aufmerksamkeit und Lernfähigkeit, ja, sogar verminderte Stubenreinheit durch Mangel an Körpergefühl provozieren. Und ich hoffe, das stinkt Ihnen im wahrsten Worte so sehr, dass Sie auf natürlichere Nahrung für Ihren Liebling umsteigen.

Im Übrigen bedarf die genaue Besiedlung der Darmflora des Hundes noch eingehender Erforschung, es sind noch längst nicht alle pathogenen Erreger nachweisbar. Aber sicher ist, dass eine zerstörte oder verschobene Darmflora Allergien fördert. Ausscheidungen können im Labor auf testbare pathogene Keime untersucht werden und mit Hilfe von Diät und Neubeimpfung kann man wieder eine gesunde Flora aufbauen.

Dem Mangel an Bakterien im konventionellen Futter soll neuerdings mit einem Spezialzusatz von getrocknetem Lactobazillus acidophilus oder Bacillus subtilis abgeholfen werden. Dabei ist Bacillus subtilis kein normaler Darmbewohner, sondern ein von der Gentechnik gern benutztes, weil leicht manipulierbares Bakterium. Es findet sich als natürlicher Fäulniskeim in Heu und Erde und wird zur Antibiotika- sowie Waschmittelenzymherstellung eingesetzt. Wenn die Lebensbedingungen im Darm aber diesen Bakterien nicht gefallen, werden sich diese dort auch nicht vermehren und sang- und klanglos wieder verschwinden, trotz beimpftem Futter.

Wasser aus der Leitung ist – insbesondere in Ballungsräumen – häufig mit Schadstoffen belastet.

Wasser ist der Lebensstoff überhaupt und damit wichtigstes Grundnahrungsmittel. Ohne Wasser läuft gar nichts, kein Stoffwechsel, keine Verdauung, kein Wachstum, auch keine Entgiftung, denn es ist Lösungs- und Transportmittel für Hormone, Nähr- und Giftstoffe. Aber es transportiert noch viel mehr, nämlich Informationen. Wir sollten deshalb dieses Lebenselexier nicht als Nebensache betrachten. Leitungswasser ist keineswegs chemisch reines H^2O. Es enthält neben Chlor, Sinkstoffen, Umweltgiften wie

Hormonen und andere Arzneirückständen, Spuren von Schwermetallen, Stickstoffverbindungen und allein 300 verschiedene Pestizid- und Fungizidrückstände. Schadstoffe haben oft eine östrogene Wirkung, die so hoch sein kann, dass sich männliche Kaulquappen in weibliche verwandeln und so die ganze Vermehrung der Population gefährden. Und wir fragen uns, woher es kommt, dass viele unserer Hunde Gesäugetumore entwickeln?!

Viele Schadstoffe sind chemisch gar nicht analysierbar und haben deshalb auch keine Grenzwerte. Haben Sie gewusst, dass Resistenzen von Antibiotika durch Genaustausch über Wasserbakterien weiterverbreitet werden und so die Darmflora beeinflussen? Jede Quelle, jede Talsperre, jeder Bach, jeder Brunnen hat seine eigene individuelle Zusammensetzung von organischen und anorganischen Anteilen, seine eigene Mikroflora, unterschiedliche Mengen an Mineralien und gelöstem Sauerstoff und damit den ihnen eigenen Transport von Informationen an Lebendigkeit, was abgestandenem Leitungs-, verunreinigtem Flusswasser und auch künstlich entgastem Flaschenwasser fehlt. Sauerstoff im Trinkwasser hingegen fördert das Wachstum der nützlichen Bakterien im Darm!

Frisches Quellwasser, gefiltert und entgiftet durch das Berggestein, ist ein optimales Nahrungsmittel.

Quellwasser ist optimal, hier wurde das Wasser durch das Gestein des Berges gefiltert und entgiftet. In frischem Gemüse, in Kräutern, Obst oder Frischfleisch ist das Wasser ebenso gesund, denn es wurde bereits durch das Zellgewebe des pflanzlichen oder tierischen Organismus entgiftet. Dieses zellgebundene Wasser vermittelt dem aufnehmenden Organismus die Information „Leben“. Genau diese Schwingung fehlt gechlortem Leitungswasser oder Trockenfutter.

Ein gesunder Hund kommt auch mit einem Schluck Wasser aus dem Swimmingpool zurecht – die Regel sollte dies jedoch nicht sein.

Hieraus ergibt sich, dass man seinen Hund aus Quellen, sauberen Bächen, auch Regenwasser in ländlichen Gebieten trinken lassen sollte, nicht aber aus überdüngten Fischteichen, benzinschimmernden Pfützen, Vogeltränken, Swimmingpools oder herumstehenden Blumenvasen. Doch wenn es mal passiert, nur keine Panik. Ein gesunder Organismus wird auch damit mühelos fertig! Meine Hunde trinken trotz der eventuell vorhandenen Salmonellen wenn möglich lieber aus der Vogeltränke als aus ihrem Napf. Fragen Sie mich bitte nicht, warum das so ist, ich weiß es nicht! Meine Pferde trinken auf der Weide aus Automatiktränken, an denen sich auch die Vögel mit dem lebensnotwendigen Wasser bedienen, wobei sie auch das ein oder andere Häufchen hinterlassen. Ich esse die Brombeeren direkt vom gleichen Strauch wie die Vögel. Würde also die Theorie stimmen, dass überall in der Natur Erreger auf uns lauern, die es zu vermeiden oder sogar zu vernichten gilt, müssten wir alle schon längst krank sein, was aber nicht der Fall ist. Viel gefährlicher und problematischer sind meiner Meinung nach die unsichtbaren resistenten Mikroben und Futtergifte in der Massenindustrie und Turbotierhaltung.

Neuerdings gibt es „Aqua Wau Wau“, spezielles Wasser für den Hund, mit Vitaminen auf seine Bedürfnisse abgestimmt. Was für ein Blödsinn!

Wir brauchen gutes Wasser für Mensch und Tier und keine Zwangsvitaminisierung! Die Benennung des Produktes in Babysprache macht uns deutlich, wie hoch der Intelligenzquotient des Käufers eingeschätzt wird. Fehlt nur noch das Halsband „Hau-Ruck“, das Futter „Ruck-Zuck“ haben wir ja schon!

Wasser sollte möglichst einen pH-Wert von ca. 7 haben, also in etwa neutral sein. Viele Wässer haben heute einen zu niedrigen, das heißt eher sauren Wert. Neutrales Wasser ähnelt dem Blutwert und kann mehr Giftstoffe, die meist Säuren sind, aufnehmen.

Auch liegen die aufgenommenen Zellstrukturen in Frischfleisch und frischem Grünzeug im selben Verhältnis von ca. 80% Wasser vor wie im aufnehmenden Organismus. Das erleichtert ihm die Nährstoffaufnahme, die nicht erst durch spätere Wasseraufnahme und künstliche Verdünnung erreicht werden muss, die bei Trockenfutter mindestens drei- bis viermal so viel sein müsste wie die aufgenommene Menge. Auch nachträgliches unnatürliches Aufquellen des Darminhaltes wird so vermieden, das Blutungen in der Darmschleimhaut und plötzlich auftretenden Stuhldrang hervorrufen kann. Bei Trockenfutter müsste rechnerisch ein 40 kg schwerer Hund rechnerisch mindestens zwei Liter Wasser am Tag trinken – abgesehen vom Mehrbedarf bei Stress oder Hitze. So viel trinkt er aber in der Regel nicht und genau das verursacht viele Probleme, denn Wassermangel kann die Austrocknung des Gewebes und/ oder Verstopfung bewirken, da der Dickdarm Wasser aus dem Darminhalt rückresorbiert und so der Inhalt nicht mehr gleitfähig genug für die Ausscheidung bleibt. Ein gutes Mittel, den Hund zum Kotabsatz zu bringen, ist übrigens (insbesondere bei Hitze), ihn in Bächen, Seen, Wassergräben oder sonstigem kalten Nass eine Erfrischung zu gönnen. Danach klappt es ganz bestimmt.

Frisches Fleisch, Obst und Gemüse enthalten – im Gegensatz zu Trockenfutter – sehr viel Wasser.

Ein gutes Mittel, den Hund zum Kotabsatz zu bringen, ist, ihm im kalten Wasser eine Erfrischung zu gönnen.

Erst wenn alle Komponenten in der Ernährung vorhanden sind, kann sich der Organismus an Körper und Seele gesund entwickeln. Dabei kann man alle Komponenten in der Zusammensetzung des Futters auf das tägliche und persönliche Bedürfnis des eigenen Hundes abstimmen, denn jedes Individuum unterscheidet sich durch die Enzymausstattung seiner Leber, die Arbeitsweise seines Darmes, seiner Futterverwertung und viele weitere Kriterien. So ernährt, braucht der Hund dann auch kein kommerzielles Lebensabschnittsfutter.

„Der Hund ist, was er isst.“ Dieser Satz stimmt nur halb, denn der Hund isst nur das, was er auch verdauen kann, was also vom Darm ins Blut gelangen und von dort von den unterschiedlichen Körperzellen aufgenommen werden kann. Es muss also nicht nur das stimmen, das heißt auch bioverfügbar sein, was ich vorne reinfülle. Ob auch alles optimal ausgewertet wird, hängt ganz wesentlich von der gesunden Funktion der Verdauungsdrüsen ab, die sich sowohl im Maul sowie im gesamten Verdauungsschlauch befinden, bis einschließlich zu den Analdrüsen. Das eine bedingt das andere: Die gesunde Funktion der Verdauungsdrüsen hängt von artgerechtem Futter ab, gesundes Futter kann aber nur optimal verwertet werden, wenn der Passagetrakt gesund ist. Gesund ist dieser, wenn die Schleimhaut intakt ist und ihre Funktion als Schutzwall gegen das „Außen" optimal erfüllt, wenn ihre Drüsen genug Enzyme produzieren, um die Nahrungsmoleküle ausreichend aufzuspalten, wenn ihr Keimbesatz ausgewogen ist und der Darminhalt einen passenden pH-Wert aufweist.

Man unterscheidet einen primären Mangel, wenn ein Vitalstoff in der Nahrung gar nicht oder zu wenig vorhanden ist, und einen sekundären Mangel, wenn die Nahrung genug bereitstellt, aber beispielsweise wegen Enzymmangels oder Zahnproblemen nicht genügend aufgenommen oder verfügbar gemacht werden kann. Fertigfutter über- und unterfordert gleichzeitig. Die Unterforderung findet sich in der Fett- und Proteinverdauung, die Überforderung zeichnet sich durch zu viel Kohlehydrate und gleichzeitig null zugeführte Enzyme, lebende Bakterien und Biophotonen aus. Es kommt zu fütterungsbedingter Verarmung der physiologischen Darmflora, da zu viel Getreide das Wachstum von Hefen und Pilzen begünstigt.

Viele Hunde werden auf Ausstellungen so gestresst, dass die Verdauung erheblich gestört wird.

Auch Infektionen oder Stress beeinflussen die Verdauungsdrüsen, wobei die Bauchspeicheldrüse eine der wichtigsten ist. Sie ist ein Stressorgan, was bedeutet, dass sie bei physischem, aber auch bei psychischem Stress ihre Funktion drosselt. Dieser Stress kann zum Beispiel dadurch entstehen, dass in einer turbulenten Familie die Kinder den Hund konstant beim Fressen stören. Auch Überforderung bei Leistungs- und Ausstellungshunden kann ein solcher Dauerstressfaktor sein. Wie beim Menschen ist hierbei die Toleranzgrenze individuell unterschiedlich und beim Hund außerdem rasseabhängig.

Überforderung durch Leistungsstress beim Hundesport zieht häufig Durchfall nach sich.

Stress wirkt über das vegetative, nicht direkt steuerbare Nervensystem des Darms auf die Darmmotorik, und zwar in Form schnellerer Beförderung. Daher stammen auch umgangssprachliche Wörter wie „Angstschiss" oder „Stressdurchfaller", die derb klingen, die Sache aber ziemlich genau beschreiben. Biologisch gesehen übrigens eine durchaus sinnvolle Reaktion des Körpers, denn bei Flucht oder Kampf muss alles Überflüssige ausgeschieden oder abgeschaltet werden.

Negativer Dauerstress verändert auf längere Sicht sogar die Durchlässigkeit der Darm-Blut-Schranke und macht so empfänglicher für Krankheiten, da die Zusammensetzung der Darmflora negativ beeinflusst wird. Denn positiv wirkende Bakterien werden in ihrer Vermehrung unterdrückt und krank machende begünstigt.

Der Darm als Entgiftungsorgan

Der Darm fungiert ja nicht nur als Aufnahmeorgan der für den Körper lebenswichtigen Aufbau- und Erhaltungsstoffe, sondern auch als Abgabe- bzw. Ausscheidungsorgan. Dabei trauen wir mit Recht jedem gesunden Organismus zu, dass er „gut und böse", „wichtig und überflüssig" wohl zu unterscheiden vermag. Und das kann er um so besser, je natürlicher die zugeführten Stoffe sind. Dabei helfen Moleküle, auf die er schon seit Millionen von Generationen eingestellt ist und für die der Körper in dieser langen Zeit ein Erkennungs- und Stoffwechsel-, sowie ein Muster für die möglichst unschädliche Entfernung ungeeigneter oder schädigender Substanzen entwickeln konnte. Zu diesen chemischen Erkennungsmustern gehört deshalb mit Sicherheit keine gekochte oder anderweitig erhitzte Nahrung, keine in der chemischen Fabrik hergestellte Substanz wie Konservierungsmittel, Farbstoffe oder andere der vielen synthetischen Hilfsstoffe zur Verarbeitung, die es in der Natur noch nie gegeben hat. Bei all diesen Stoffen, vor allem, wenn sie in lebenslanger Dauer oder großen Mengen zugeführt werden, kann es passieren, dass der Körper „fremd" von „eigen" nicht mehr zu unterscheiden vermag und mit erhöhter Abwehrbereitschaft reagiert, was zu den verschiedensten allergischen Reaktionen führen kann.

Um diese bunte Trockenmischung verdauen zu können, sind vom Darm Höchstleistungen gefordert.

Eine besondere Rolle spielt hierbei die Grenzlinie zwischen Darmschleimhaut und den Blutgefäßen, die die Nährstoffe in den gesam-

Durch die Muttermilch nehmen die neugeborenen Welpen auch Schutzstoffe gegen Krankheiten auf.

ten Körper transportieren und alle Organe damit erreichen. Diese so genannte Darm-Blut-Schranke soll den Organismus vor Schadstoffen schützen, beispielsweise vor Krankheitskeimen, chemischen Schadstoffen oder Allergenen. Das geschieht durch Schleim und eine geschlossene Zellfront, in der sich Immunkörper befinden, die Fremdkörper binden und neutralisieren können. Diese Doppelfunktion ist aber recht störanfällig, denn einerseits soll sie undurchlässig für Schadstoffe, andererseits jedoch gleichzeitig durchlässig für Nährstoffe sein.

Diese Darm-Blut-Schranke ist beim Welpen noch vergleichsweise offen für große Proteinmoleküle aus der Muttermilch, mit der auch Schutzstoffe gegen Krankheiten aufgenommen werden. Erst im Laufe der ersten Lebenswochen schließt sich diese Schranke zunehmend, weshalb es wesentlich darauf ankommt, in dieser Zeit nur artgerechte Nahrung zu füttern, denn zum Beispiel bei Zufütterung von Kuhmilchproteinen können diese in den Blutkreislauf gelangen und späteren Allergien Vorschub leisten. Jede Spezies verfügt nämlich über eine eigene Zusammensetzung ihrer Körpereiweiße einschließlich der Milch, weshalb normale Trinkmilch von der Kuh ebenso wie teure Ziegenmilch immer als Fremdeiweiß eingestuft wird.

Fasten dient bei krankheitsbedingtem Durchfall der Selbstheilung des Darms.

Bei Zuführung gekochter Nahrung erhöht sich die Zahl der für die Abwehr zuständigen weißen Blutkörperchen. Natürliche Rohnahrung kann vom Organismus leichter erkannt werden und verlässt deshalb auch schneller wieder den Darm, unter anderem deshalb, weil die nicht zerstörten Enzyme in Fleisch und Pflanzen noch aktiv sind und beim Aufschließen der Nährstoffe während der Verdauung helfen. In gekochter Nahrung sind diese Enzyme zerstört und so müssen die Drüsen des Darmes selbst mehr davon bereitstellen.

Jeder krankhafte Durchfall – es gibt auch vorübergehenden futterbedingten Durchfall, der völlig normal ist – ist eine Reaktion des Organismus auf „Vergiftung", das heißt, er will krank machende Bakterien oder Unverträgliches so schnell wie möglich loswerden, was man nicht einfach mit die Motorik des Darms stoppenden Mitteln unterbinden sollte. Durchfall ist nur ein Symptom, keine Krankheit. Der Körper entledigt sich damit des Verdauungsballastes, um seine ganze Energie in die Abwehrleistung und nicht in Verdauungsleistung zu stecken. Noch deutlicher wird dies bei der Selbstheilung durch Hungerfasten, derer sich alle Wildtiere und oft auch Haustiere bedienen. Man sollte deshalb die Tiere nicht zur Futteraufnahme zwingen, weil gerade bei einem entzündetem Darm die Zellschranke Löcher hat und gefährliche Moleküle bis in die Blutbahn vordringen können.

Bei Viruserkrankungen kommt es oft zu unstillbarem pathologischem Durchfall. In diesem Falle müssen die in zu großer Menge verlorengegangene Flüssigkeit und Elektrolyte, vor allem Kalium, im Körper wieder aufgefüllt werden, notfalls vom Tierarzt per Infusion, weil deren Verlust zu lebensbedrohlicher Austrocknung führen kann.

Was ist nun mit den vielen schlimmen Würmern, Bakterien (wie beispielsweise Salmonellen) und Co. in rohem Fleisch, vor denen uns die Tierärzte der Futtermittelindustrie immer warnen? Ein allergischer oder verdauungssensibler Hund könnte mit ihnen tatsächlich Probleme bekommen, was an seinem geschwächten Abwehrsystem liegt. Bei gesund ernährten, nicht überimpften Hunden ist das Immunsystem aber durchaus in der Lage, mit den allermeisten Bedrohungen selbst fertig zu werden, und zwar besser, als wir es uns vorstellen können. Bandwürmer und Trichinen im Fleisch von Schlachttieren gelten dank unserer effektiven, jahrzehntelangen Fleischbeschau inzwischen als so gut wie ausgestorben.

Der Ehrlichkeit halber sollte ich hier aber eine kanadische Studie erwähnen, die feststellte, dass sich Salmonellen, die durch rohes Geflügel aufgenommen wurden, bei einem Drittel der Hunde noch im Kot befanden, allerdings ohne dass die Tiere Anzeichen von Erkrankung zeigten. Manch einer mag nun vermuten, hier sei ein Risikopotential für uns Menschen zu finden, ich sehe die Sache aber weniger dramatisch, denn schließlich halten wir uns ganz selbstverständlich von rohen Geflügelabfällen und Hundefäkalien fern und achten auch drauf, dass unsere Kinder nicht damit in Berührung kommen. Ich habe noch nie Probleme mit den beschriebenen Krankheitsbildern gehabt, weder bei meinen Hunden, noch bei Fa-

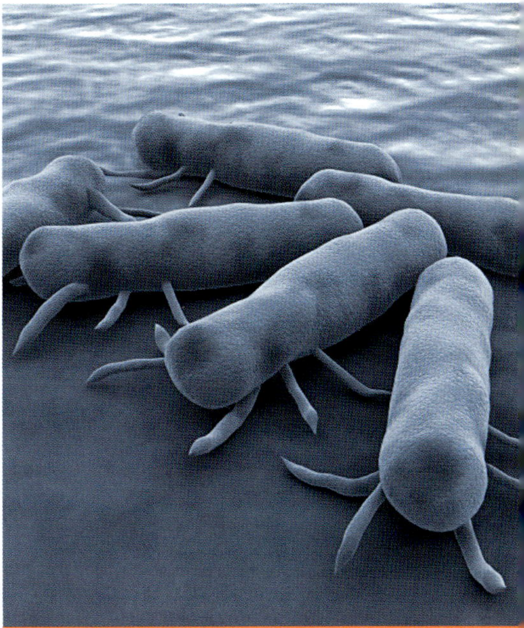

Salmonellen sind in der Regel nur für alte, kranke und/ oder geschwächte Tiere gefährlich.

Das gelegentliche Trinken aus Pfützen schadet Hunden mit einer intakten Immunabwehr nicht.

milienmitgliedern. Das gesunde Immunsystem hat eben eine größere Bedeutung als die pure Existenz einiger Mikroorganismen, das bestätigt auch der zuvor beschriebene Versuch mit den Ratten.

Ich frage alle Barfer und alle Halter gesunder Hunde: „Haben Sie sich noch nie darüber gewundert, dass Ihr Hund aus schmutzigen Pfützen schlabbert, die stinkigsten Abfälle aufgabelt und keineswegs wieder hergeben will? Und wenn wir ihn erschrocken rufen, er schnell noch mal schluckt und einem anschließend freudig wedelnd mit einem Atem ins Gesicht haucht, der einer ganzen Abdeckerei alle Ehre machen würde? Und dass er an den Tagen danach weiter quietschvergnügt seiner Wege geht?" Nicht, dass ich diese Dinge unbedingt empfehlen würde. Aber ein Hund mit gesundem Darm und intaktem Abwehrsystem steckt das eben locker weg, wenn es gelegentlich mal vorkommen sollte. Es gibt Hunde, die sind die reinsten Müllschlucker, und ich sage Ihnen aus jahrzehntelanger Hundehalter- und Tierarzterfahrung: Das sind oft die gesündesten. Ich versuche – ich betone „versuche" – trotzdem, meine Hunde davon abzuhalten. Erstens, um mein Geruchsorgan zu schonen und zweitens könnten sie auch mal Rattengift oder ähnlich Bedrohliches aufnehmen, das ihnen gesundheitlich schaden, sie im schlimmsten Fall sogar töten könnte.

Vor Keimen in unserer Umwelt wird die Medizin nicht müde zu warnen. Von den Gefahren vor künstlichen Farbstoffen, Konservierungsmitteln, Aromastoffen, Hormonen, Antibiotika, Impfungen, chemischen Rückständen im Trinkwasser, genmanipulierten Futterpflanzen usw. hören wir dagegen nur selten. Eigentlich nur, wenn jemand mal wieder einen Skandal aufgedeckt hat, danach wird alles schnell wieder vergessen. Oder hat Ihnen schon mal einer erzählt, dass man auch schon Salmonellen in Kauknochen fand? Dass das Aluminium Ihres Fressnapfes oder Ihrer Hundefleischdose im Futter wiederzufinden ist, sich im Gehirn Ihres Hundes ablagert und dort auch nie mehr zu entfernen ist, weil das Gehirn eben kein Entgiftungsorgan ist? Oder dass es E-Nummer-Zusatzstoffe gibt, die die Darm-Blut-Schranke erweitern, also sozusagen Löcher in den Darm fressen, durch die dann Schadstoffe und Allergene ins Innerste seines Körpers schlüpfen können? Haben Sie gewusst, dass Polycarbonate, so genannte Bisphenole, in Plastikschüsseln über erwärmtes Futter Wachstums- und Entwicklungsstörungen hervorrufen können? Dass Ihre Hundefutterdosen vielleicht bei der Abfüllung durch eine Apparatur gelaufen sind, die mit Röntgenstrahlen aus Abfällen von Wiederaufbereitungsanlagen die Füllhöhe prüft? Dass fettundurchlässiges Futtertütenpapier mit perfluorierten Substanzen behandelt ist, die sich dann im Gewebe anreichern und schwere Stoffwechseldefekte und Verhaltens-

Mais und Soja gehören zu den am häufigsten genmanipulierten Futterpflanzen.

störungen hervorrufen können? Dass es sogar ein künstliches Aroma gibt für Fleischfressernahrung vom Typ Kadaver? Mit ihnen sollen so genannte Problemfuttermittel maskiert werden, damit die Hunde etwas fressen, das eigentlich artwidrig ist. Und wie sollen wir folgende Reklame interpretieren? „Mit Instantsoßenpulver „Gourmet“ fressen Ihre Hunde ihr Trockenfutter zu 90% lieber!“ Mochten sie es etwa vorher nicht?

Die lebenswichtige Kontrollaufgabe des Geschmacks und des Geruchssinns wird dabei ausgetrickst, die innere Verstoffwechselung jedoch lässt sich nicht hinters Licht führen. Wir versuchen, lebende Organismen immer mehr an Technologien anzupassen. Dabei sollte es umgekehrt sein, die Technologie sollte dem Leben dienen.

Meine Hunde bekommen jetzt seit zehn Jahren rohe Schlachtabfälle und ungekochte Innereien, auch vom Schwein oder Geflügel. Zusammen mit den genannten Komponenten sind sie so gesund wie noch nie. Und vor allem: Sie sind fröhlich und man sieht einfach, dass sie sich pudelwohl fühlen! Denn tatsächlich werden 90% der Glückshormone in den Nervenzellen der Darmwand gebildet!

Gänseinnereien und Gänsehals.

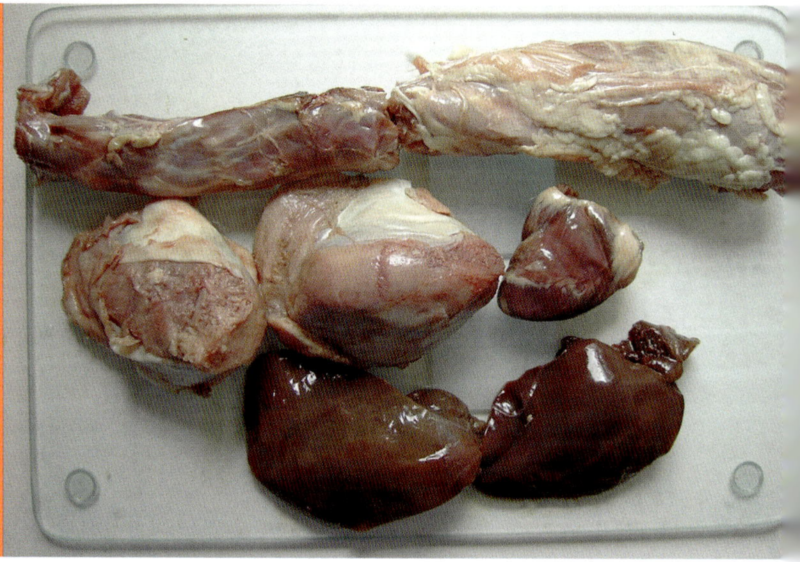

Ich kann mich des Eindrucks nicht erwehren, dass da gewaltig Angst geschürt wird, damit wir auch weiterhin Einkäufer von Fertigfutter, Verpackungsmaterial, Impfungen, Medikamenten, Zusatzpräparaten und Vitaminpillen bleiben. Die Langzeitwirkungen von all diesen doch in der Geschichte erst in einem halben Jahrhundert veränderten Lebens- und Ernährungsweisen sind erst andeutungsweise voraussagbar und die Perspektiven sehen gar nicht so rosig aus. Es wurden zwar viele akute Krankheiten fast ausgemerzt, dafür bekämpfen wir jetzt aber mehr chronische und psychische Krankheiten, und zwar sowohl beim Menschen, als auch bei Hunden. Nach Linus Pauling zeigt sich ein Nährstoffmangel immer zuerst im Bereich der Psyche. Tumore und Krebs haben seit der Industriefütterung derart zugenommen, dass es seit 2006 den ersten Lehrstuhl für Veterinäronkologie an der Universität Wien gibt. Und was die psychischen Krankheiten betrifft: Inzwischen wurde natürlich auch die Pille gegen Gemütskrankheiten bei Hunden erfunden: Anipryl und Hyperegalin heißen die Präparate, denn schließlich sind bereits knapp 5% der neun (!) Wochen alten Welpen verhaltensauffällig! (ZZA 06/ 2007)

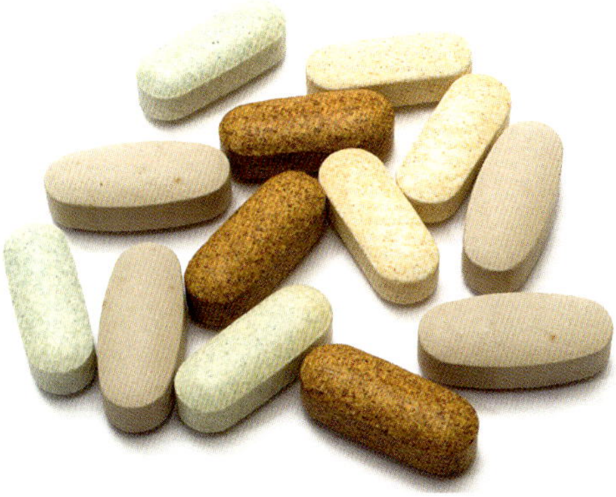

Zusatzpräparate und Vitaminpillen sind nicht notwendig, wenn der Hund natürlich und gesund ernährt wird.

Eigenes Blut wird nicht auf dem Darmweg entgiftet, deshalb ist frisches Blut im Stuhl immer ein pathologisches Zeichen, dem vermehrt Aufmerksamkeit zu widmen ist. In großer Menge auf einmal gefressenes Trockenfutter, welches durch anschließende Wasseraufnahme im Darm stark an Volumen zunimmt, sowie Splitter, vornehmlich von erhitzten Knochen, spitze Fremdkörper und Endoparasiten können zu vielen kleinen Blutpunkten in der Darmschleimhaut führen, die nicht zwingend zu schlimmeren Symptomen führen müssen, aber Vorreiter weiterer Schäden sein können.

Der Darm aller Wildtiere beherbergt natürlicherweise immer einige Mitbewohner in Form von Würmern. Man könnte dies fast als Symbiose bezeichnen, so lange die Parasiten nicht Überhand nehmen. In einem gesunden Darm vermehren sich Würmer nicht exzessiv, sondern liefern dem Organismus sogar einen gewissen Schutz vor Allergien, weil sie die Produktion von bestimmten Abwehrzellen stimulieren. Vermehren sich Parasiten jedoch übermäßig, liegt mit Sicherheit noch ein anderer Mangel oder Stress vor, den die Parasiten sofort zu ihren Gunsten zu nutzen verstehen. Wilde Karnivoren fressen dann ganz bestimmte Pflanzen und Kräuter, oftmals Giftpflanzen in ganz bestimmter Dosierung, bis die Lästlinge wieder auf Normalmass reduziert sind. Heil- und Giftpflanzen sind hierbei nicht zu unterscheiden, denn die Heilwirkung beruht auf für die Würmer bestimmten giftigen Inhaltsstoffen, die vom Wirtstier nach Abtreibung wieder verschmäht werden. Mit diesen Giftstoffen schützt die Pflanze sich selbst vor zu vielen Fressfeinden. (Ein natürliches Rezept für eine Wurmkur finden Sie in meinem Buch: „Allergien beim Hund".)

In ähnlichem Sinne können wir je nach Bedürfnis unseres Vierbeiners täglich die Nahrung zusammenstellen: Zum Beispiel bekommt mein magerer Findelhund beim Zusammenstellen des Komponentenfutters die fettigen Stücke, meine eher gut genährte Hündin hingegen die mageren. Wenn meine Hündin im Praeöstrus oder in der Hitze ist, nimmt sie eher zu, dann sagen ihr ihre Hormone, dass sie durch ihren gesteigerten Appetit schon mal für den künftigen Nachwuchs kalorisch Vorsorge treffen sollte. Damit sie nicht zu sehr zunimmt, gebe ich deshalb eher kalorienärmeres Futter. In der Zeit ihrer Läufigkeit, wenn ich ihren Freilauf einschränken muss, oder in der Zeit der Trächtigkeit achte ich auf Vermeidung stopfender Komponenten. Ebenso kann man alle anderen Mengenanteile auf momentane Gegebenheiten (abführend, stopfend usw., siehe Anhang) abstimmen.

Der Darm als Immunorgan

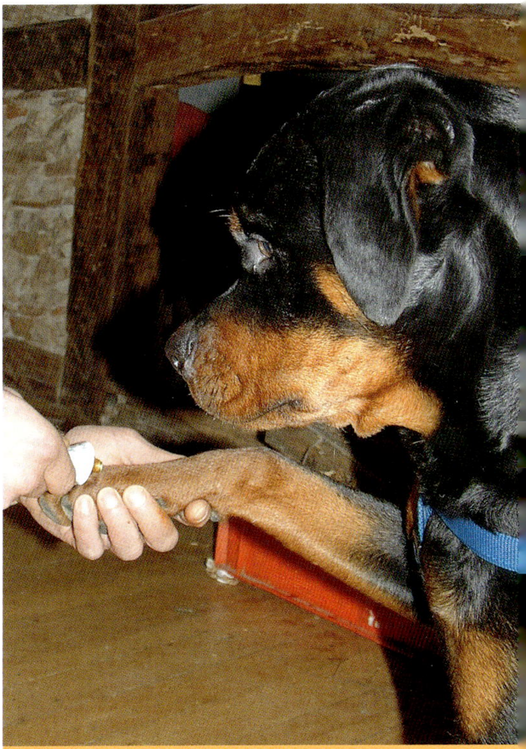

Hauterkrankungen äußerlich mit Salbe zu behandeln, kann nur eine unterstützende Maßnahme zu einer gründlichen Darmsanierung sein.

Wie wir gesehen haben, ist der Darm neben Leber, Harnorganen, Atemwegen und der Haut das wichtigste Entgiftungsorgan. Er steht mit allen anderen Entgiftungsorganen in engster Verbindung und alle ergänzen sich und arbeiten sich gegenseitig über das Blut- und Lymphsystem zu, das den gesamten Körper durchzieht. Darin zirkulieren Körperflüssigkeiten, die für den Transport von Nähr-, Immun-, Giftstoffen und Hormonen von Bedeutung sind. Deshalb nützt es in vielen Fällen auch nichts, kranke Haut nur lokal mit Salben zu behandeln, solange ein kranker Darm weiterhin Giftstoffe oder Allergene durchlässt. Der Darm mit seinen Lymphorganen ist das größte körpereigene Abwehrsystem. 80% aller Immunzellen sitzen hier, was auch so sein muss, denn der Magen-Darm-Trakt ist die größte Kontaktfläche zur Außenwelt. Ein gesundes Abwehrsystem kann Erreger bereits an diesen Grenzflächen abfangen und den Zutritt verwehren, um dem Rest des Organismus eine schlimmere Auseinandersetzung zu ersparen.

Der Verdauungstrakt ist praktisch eine nach innen gestülpte, weiche, schleimige, feuchte, leicht verletzbare Haut, die jeweils an Lefzen und Anus in die festere äußere Haut übergeht. Dieser von vorne bis hinten verlaufende bewegliche Beförderungsschlauch steht ständig durch die aufgenommene Nahrung aufs Engste mit der Außenwelt in Kontakt.

Die Anthocyane des blauen Farbstoffes in Rotkohl, Trauben oder Waldbeeren sind potente Entzündungshemmer.

Wasser, Schadstoffe, synthetische Nahrungsbestandteile, versehentlich aufgenommene Plastik- oder Holzteile, ja auch im Stress bei hastigem Fressen verschluckte Luft geben dem Darm permanent Informationen über die Außenwelt.

Die Zellen der Darmschleimhaut können auf Mikroebene sogar erkennen, wie gesund das Beutetier war und wie frisch die Zutaten waren oder sogar wie viel Sonne die gefressenen Pflanzen bekommen haben. Sie „wissen" sogar, ob Sie Importware aus dem Supermarkt gekauft oder Grünzeug auf einer einsamen Wiese gesammelt haben, weil jedes in seiner Gesamtheit eine andere Botschaft aussendet. Obwohl sie keine „Augen" in unserem Sinne haben, erkennen sie die Farbe der Pflanzen, und zwar auf Grund ihrer molekularen Struktur und deren Biofunktionen: Zum Beispiel sind die Anthocyane des blauen Farbstoffes in Rotkohl, Trauben oder Waldbeeren potente Entzündungshemmer.

Nahrung ist nicht einfach wie Benzin zu verstehen, das wir in einen Tank füllen, damit der Motor wieder läuft. Für ein Auto mag das gelten, Hauptsache es fährt, aber selbst hier verschleißen dann einzelne Teile schneller. Ihrem Hund sollten Sie „Super" tanken! Außer den reinen Kalorien wird nämlich noch viel mehr übermittelt: Die Information, ob beispielsweise die Vitamine natürlicher oder künstlicher Herkunft sind, ob die Mischung einseitig oder ausgewogen ist, ob es sich um künstlich zusammengesetzte Industriekost oder eine naturbelassene Komposition handelt, ob die Nahrung auf Grund ihrer abgegebenen Biophotonen die Energieschwingung „Leben" oder „Tod" vermittelt. Gute, natürliche Nahrung überträgt auch gute, richtige Information und zwar nicht nur für den Körper, sondern auch für das Seelenleben. Und lassen Sie sich nicht täuschen mit Bezeichnungen wie „Vollwertfutter mit Kräutern“ oder „Natürliche Biofertigkost“, die den Widerspruch schon in sich selbst tragen.

Sogar die Beschaffung hat einen Einfluss: Jeder Mensch weiß, wie gut das mühsam gehegte Gemüse aus dem eigenen Garten schmeckt, auch wenn es nicht so perfekt aussieht wie das aus dem Supermarkt, oder wie gerne Kinder ihr erstes Selbstgekochtes essen, selbst wenn es halb missraten sein sollte. Warum sollte das nicht auch für unsere Hunde gelten? Ich glaube, dass aktive Jagd- und Meutehunde die zufriedensten sind. Je mehr wir unserem Hund Jagdersatz in Form von Spurensuche, Beutegreifen, Wanderungen, Geräte- oder Wasserarbeit bieten, desto mehr wird sich das positiv auf seinen Appetit auswirken, nicht zuletzt, weil das Futter „selbst erarbeitet“ ist. Schon allein deshalb sollten wir ihn nicht mit vollem Magen arbeiten lassen, damit seine natürlichen Anlagen durch anschließende Futterbelohnung als Beuteersatz am besten zum Tragen kommen und er, wie sein Vorfahr, der Wolf, einen gesunden Hunger entwickelt.

Die jagdliche Arbeit von Meutehunden weist viele Ähnlichkeiten mit der Lebensform von wildlebenden Wölfen auf.

Wölfe verbringen viel Zeit des Tages mit der Futtersuche und entwickeln deshalb einen gesunden Hunger.

Die Immunzellen der Darmschleimhaut können sich sogar erinnern, ob sie mit der gleichen Substanz schon öfter Kontakt hatten oder nicht. Sie wissen also, ob der Hund die gleiche Futterkomponente schon einmal gefressen hat oder nicht. Jede eigene Körperzelle hat einen individuellen Erkennungscode auf ihrer Oberfläche. Dieser macht es dem Immungedächtnis möglich, eigene Zellen von bekannten oder unbekannten anderen Zellen wie beispielsweise Krankheitserregern zu unterscheiden. Der Darm ist die innere Barriere gegen das Außen und er entscheidet über „fremd und raus" oder „gut und gesund und zum Eigenen machen", also Wert und Wertlosigkeit des Angebotenen. Eine große und wichtige Aufgabe, finden Sie nicht?! Aber bei Hunden, die nie in ihrem Leben ein rohes Stück Fleisch kennen gelernt haben, funktioniert diese Fähigkeit, Wert und Wertlosigkeit des Angebotenen zu unterscheiden, unter Umständen nicht mehr.

In diesem Chihuahua steckt noch ein echter Wolf, der beim Anblick von Trockenfutter wohl auch empört die Nase rümpfen würde.

Ein ständiger chemischer Wechsel der aufgenommenen Stoffe, das ist es, was man unter Stoff-Wechsel versteht. Die Bestandteile der Nahrung werden chemisch aufgespalten, die brauchbaren herausgefischt und resorbiert. Aus diesen werden, vor allem in der Leber, wieder für den Körper nützliche neue Verbindungen wie Hormone, Enzyme, Blutzellen usw. geschaffen. Wir haben es also mit einem kontinuierlichen Auf- und Abbau von Stoffen im Körper zu tun. Gesundheit heißt deshalb, über ein anpassungsfähiges, dynamisches Gleichgewicht all dieser Prozesse zu verfügen.

Häufiger Durchfall kann ein Hinweis darauf sein, dass die Inhaltsstoffe des Futters giftig oder krankheitsfördernd sind.

Ist der Inhalt des Futters giftig oder krankheitsfördernd, so reagiert der Darm mit erhöhter Transportgeschwindigkeit, sprich Durchfall, und die Zellen der Schleimhaut bilden bestimmte Eiweißstoffe, die Immunglobuline, die Bakterien, Viren oder Allergene chemisch binden und damit auf dem Wege der Ausscheidung unschädlich machen sollen. Heute finden sich allerdings in Medikamenten, Konservierungs- oder Futterhilfsstoffen usw. viel zu viele neue Fremdstoffe, die im evolutionären Programm der Immunabwehr nicht vorgesehen sind und deshalb Probleme bei der Ausschleusung und Entgiftung bereiten.

Ob dieser Darm-Entgiftungsprozess ausreichend effektiv ist, entscheidet unter anderem, ob die Darm-Blut-Schranke gut verschlossen ist und nur „nützliche“ Moleküle ins Blut entlässt. Sind die dortigen Zellmembranen beispielsweise durch Fettsäuremangel geschädigt, bilden sie eine nicht ausreichende Barriere gegen Fremd- und Giftstoffe. Durch diese „Löcher“ schlüpfen dann unter anderem Allergene, wenn die Nahrung wegen Enzymmangel nicht ausreichend zerlegt wurde. Eigentlich sollten nur Aminosäuren die Darmwand passieren, bei Enzymmangel gelangen jedoch mitunter Peptide, das sind Verbindungen mehrerer Aminosäuren, ins Blut. Besonders gefährlich sind hierbei die Eiweißstoffe von Kuhmilch und Weizen. Diese schädlichen Stoffwechselabbauprodukte werden zwar über den Urin entsorgt, können aber über das Blut auch direkt die Neurotransmitter im Gehirn beeinflussen, wo sie eine morphiumähnliche, nervenschädigende Wirkung entfalten. Wir wissen, dass Morphium eine Sucht erzeugende Droge ist, die als starkes Schmerzmittel verwendet wird, und so verwundert es nicht, dass dieser eigene Belohnungsmechanismus auch hier aktiviert wird. Das bedeutet, dass mein Hund gerade auf diese Futtermittel besonders „heiß" ist, weil er sich danach wie high fühlt, schmerzunempfindlicher ist, weshalb die Erfahrungs- und Lernverarbeitung blockiert wird und er völlig aufdreht. Früher gab es für diese Gemütszustände des Hundes die Peitsche, heute die Pille, mit der man versucht, den Hund medikamentös ruhig zu stellen! Besser wäre es allerdings, das Übel an der Wurzel zu packen, artfremde Nahrung zu meiden und damit das Gehirn zu entgiften, so weit dies noch möglich ist. Damit würde sich dann erweisen, dass sich so manch vermuteter Charakterfehler oder angeblich unveränderbarer Genschaden als toxologisch bedingte Gehirnstoffwechselstörung herausstellt. Ein organischer oder genetisch bedingter Hirnschaden verursacht ein zeitstabiles Funktionsdefizit, wogegen stoffwechselbedingte cerebrale Funktionsdefizite nicht zeitstabil sind und reversibel sein können.

Wildtiere sind sehr instiktsicher und fressen keine ihnen unbekannte Nahrung.

Wildtiere haben noch eine besonders hoch entwickelte Instinktsicherheit und nehmen verdächtige Nahrung erst gar nicht an. Holzer berichtet von Tieren in seinem Tierpark, die sich weigerten, Salat, Rüben, Möhren oder Kraut vom Supermarkt zu fressen. Bekamen sie aber Gemüseabfälle aus biologischem Anbau, fraßen sie die sogar verwelkt samt Stängel und Wurzeln. Außerdem berichtet er von seinen Luchsen, die er mit alten Batteriehennen füttern wollte. Trotz eines vorhergehenden Fastentages töteten die Luchse die Hühner zwar und vergruben sie, fraßen sie aber nicht. Die am Leben gebliebenen Hennen wurden dann mit eigenem, unbelastetem Getreide, Grünfutter und Küchenabfällen gefüttert. Erst nach fünf Wochen waren sie dadurch soweit entgiftet, dass das erste Huhn von den Luchsen erlegt und gefressen wurde. Ähnliches hat Holzer bei anderen Karnivoren wie Füchsen und Mardern beobachtet, die nur durch langes Hungern dazu gezwungen werden konnten, Futter als schmackhaft und geeignet anzunehmen, das mit allen möglichen chemischen Mitteln belastet war, denn in der Natur fressen diese Beutegreifer zwar schwache oder kranke Tiere, aber keine durch Chemie belasteten.

Der Darm als Stressorgan

Was ist Stress? Stress signalisiert fast immer Gefahr, worauf das Individuum Flucht oder Angriff startet. Für diese spontane Bereitschaft vermindert der Organismus die Funktion der vegetativ gesteuerten Bauchorgane und erhöht gleichzeitig die Aktionsbereitschaft der bewussten Organe wie Sinnesorgane und Muskeln, erhöht Herzschlag und Blutdruck, um ausreichend Energie zur Verfügung zu stellen. Ist die Fluchtdistanz wieder hergestellt, normalisieren sich diese Funktionen wieder und Störungen im Ablauf, Verlauf, Durchlauf werden behoben. Die Verdauung geht weiter, die Muskeln ent-

Gestresste Hunde geraten schneller in Alarmbereitschaft als ausgeglichene.

Fehlende Individualdistanz ist für viele Hunde ein Stressfaktor. Diese Hundemeute hat damit aber offensichtlich kein Problem.

spannen sich, die Sinnesorgane wenden sich anderem zu. Stress potenziert sich, wenn er in der Umsetzung in Aktivität keine Abfuhr erfährt, wenn Flucht nicht möglich, Kampf nicht durchführbar ist. Das macht auf Dauer krank, zum Beispiel unsere Hunde in einer falsch zusammengesetzten Gruppe oder unter Haltungsbedingungen, unter denen die Individualdistanz nicht eingehalten werden kann.

Der Darm gehört zu den vegetativen Organsystemen, das heißt, er reagiert ohne direktes Bewusstsein, ist dem Willen aber in eingeschränktem Maße unterworfen. Sonst könnten wir unsere Hunde ja nicht zur Stubenreinheit erziehen. Das Gehirn stellt gewissermaßen das Vernunftorgan dar, das durch Erziehung beeinflussbar ist, der Darm das Unterbewusstsein. Nicht umsonst sprechen wir davon, dass einem „etwas auf den Magen schlägt“, „wie ein Stein im Magen liegt“, dass wir „mit dem Bauch“, also ohne nachzudenken, entschieden haben usw. Sensible Tiere reagieren auf Stress mit Durchfall, das heißt, der Dickdarm gibt sich nicht genügend Zeit, ausreichend Wasser aus dem Darm ins Gewebe zu resorbieren. Hier bezieht sich das Verdauungssystem ebenfalls auf Informationen, Erinnerungen und Erfahrungen, die vom Gedächtnis über nervale Leitungen an die Bauchorgane übermittelt werden. Der genaue Übertragungsweg ist hierbei noch zu erforschen.

Der Darm reagiert also auf Stress sehr schnell durch Erhöhung der Motorik, um schnellstens Ballast abzuwerfen, gleichzeitig wird die Absonderung von Verdauungssäften gedrosselt (kein Appetit). Den berühmten „Stein im Magen“ kennen auch die Hunde. Was für uns in solchem Zustand ein Schnaps ist, ist für unseren vierbeinigen Freund das Grasfressen. Spitze Knochenteile, Fremdkörper oder Schwerverdauliches werden von den Halmen umwickelt und schützen so die Schleimhaut bei der Ausscheidung, egal ob in die eine oder andere Beförderungsrichtung, bei Erbrechen oder dünnem Stuhl. Verdaut werden kann das Gras in dieser Form nicht. Das ist der Grund, warum unsere Vitaminkomponenten immer sehr fein zerkleinert sein müssen, denn der Wolf nimmt seine Pflanzenanteile ja nicht nur vorgekaut, sondern sogar angedaut in Form von Magen- und Darminhalten zu sich. Nur in Hungerzeiten vergreift er sich auch direkt an Beeren und Pilzen. Natürlich schadet es Ihrem Hund nicht, wenn er eine rohe Möhre zerkaut, aber vom Vitamin- und Energiegehalt her ist sie für ihn so gut wie wertlos. Doch es erhält sein Gebiss rohkosttauglich und entfernt Zahnstein, allerdings wird man bei vielen Hunden bis zum jüngsten Tag warten müssen, ehe sie sich für eine ganze Möhre interessieren.

Eine rohe Möhre zu zerkauen mag dem Hund Spaß machen, liefert ihm aber weder Vitamine noch Energie.

Darm und Gehirn stehen also in engem hormonalen Zusammenhang, man spricht sogar vom „Darmhirn“ oder dem „zweiten Gehirn“ im Bauch. Der Kopf kann den Bauch und der Bauch kann den Kopf beeinflussen. Gleiche Neurotransmitter lassen sich im Zentralnervensystem und in den

Der dauerhafte Konsum von Fast Food ist erwiesenermaßen schädlich – auch für Menschen.

Bauchorganen nachweisen. Das erklärt auch, warum bei Allergien manche Futterstoffe einen direkten Einfluss auf das Verhalten ausüben: Weil nämlich die Allergene in Darm und Gehirn ähnliche Veränderungen des Stoffwechsels und der Neurohormone hervorrufen. Sensibilisierungsvorgänge sind allerdings mit der herkömmlichen Diagnostik oft nicht nachweisbar, doch es gilt als erwiesen, dass ein kranker Darm als Ausgangspunkt für Allergien und viele psychische Störungen zu betrachten ist. Schon eine einzige Mahlzeit kann die Hirntätigkeit beeinflussen, weshalb die Ernährung von großer Bedeutung für Intelligenz und Verhalten, Gehorsamkeit und Ausgeglichenheit ist. Wesenseigenschaften haben eine chemische Entsprechung im Gehirn, eine bestimmte individuelle Mischung an Neurochemikalien. Im Körper wird die zugeführte Nahrung in körpereigene Substanzen verwandelt, die im Gehirn über Verhalten und Individualität und den speziellen Stil der Erfahrungsverarbeitung entscheiden. *Processed Food* ist ein Risikofaktor im Hinblick auf Vergesslichkeit und Zerstreutheit im Tierversuch. Mit Fast Food gefütterte Ratten und Mäuse fanden sich in einem Labyrinth deutlich schlechter zurecht als eine Vergleichsgruppe (Focus).

Das Gehirn wird vom Darm und der Darm vom Gehirn beeinflusst. Beide sind lernfähig. Sie informieren sich gegenseitig über ihre Bedürfnisse. Stress muss nicht nur negativ sein: Wenn der Rüde verliebt ist, lässt meist sein Appetit nach, trotzdem fühlt er sich gut. Bei heißen Sommertemperaturen ebenfalls, denn es wird weniger Energie zur Wärmeerhaltung gebraucht. Manche Hunde verweigern auch instinktiv das Futter, wenn der Giftstoffgehalt beispielsweise durch Mykotoxine in Trockenfutter zu hoch ist. Bei einseitigem Futter ist der Appetit oft größer als es gut wäre. Der Körper sucht nach einem Mangelstoff, den er in zu geringer Menge im vorliegenden Futter vorfindet. So kommt es zu Fettleibigkeit, weil gleichzeitig zu viele Kalorien aufgenommen werden, aber der Vitalstoff-Mangel bestehen bleibt. So mampfen sich diese Tiere regelrecht in die Krankheit – Fettness statt Fitness! Das ist dann als innerer Stress zu bezeichnen. Die industrielle Produktion hat dem Futter zu viele Nährstoffe entzogen und gleichzeitig Chemikaliencocktails eingebaut, die schaden. Nicht mal beim Menschen sind alle Lebensmittelzusätze auf Hirntoxizität untersucht, bei Tieren erst recht nicht. So kommt es hier wie dort zu Soziopathen, Hunde, die sich weder in Gemeinschaften von Menschen noch von Artgenossen problemlos einordnen können, weil sie egozentrisch, impulsiv, unaufmerksam, unsteuerbar, leicht reizbar und provokativ geworden sind. Wenn man aber sogar menschliche aggressive Gefängnisinsassen mit Vollwertkost „befrieden" kann, wie viel leichter kann das dann bei Hunden gehen!

Achten sie auf das Körpergewicht Ihres Hundes. Gesunde Hunde bleiben in der Regel von selbst schlank.

Auf zellulärer Ebene verändert sich bei Stress die Dichte der Zellbarriere der Darm-Blut-Schranke, die dadurch für Erreger und Giftstoffe durchlässiger wird. Zudem verändert sich der Säuregrad des Darminhalts, was bei Dauerstress auch eine Veränderung der Darmflora hervorruft, da jedes Bakterium und Enzym seinen eigenen bevorzugten pH-Wert zu seiner optimalen Vermehrung und Funktion braucht. Der pH-Wert ist natürlich auch stark abhängig von der Zusammensetzung des Futters. Es gibt Futterarten, die den Stoffwechsel mehr zum Sauren hin, andere, die ihn mehr zum Alkalischen hin beeinflussen.

Hunde, die häufig Gras fressen, versuchen damit eine Übersäuerung des Magens auszugleichen.

Zum Sauren hin

Im allgemeinen Gekochtes, Erhitztes, Dosenfutter, Trockenfertigfutter, ansonsten fast alle Getreide, Flocken, Reis, Hafer, Weizen, Mais, Brot, Hundekuchen, Kekse, Süßes, Schmalz, Käse, Wurst, Fisch, Eier, Fleisch in frischer oder erhitzter Form sowie fast alle Medikamente.

Zum Basischen hin

Im allgemeinen Rohes, Knochen, Knorpel, fast alle Gemüsesorten, letztere auch gekocht als Suppe oder Brühe, gekochte Kartoffeln, Kräuter, roh, getrocknet oder als Tee, besonders mit Bitterstoffen (zum Bespiel in Löwenzahn, Chicoree usw.), Heilerde, Gras, rohes Obst, Algen, Panseninhalt, Blut, Blutwurst, Milz, angegangenes oder eingegrabenes Fleisch, Aas, Därme mit Drüsen, Kot und der Darminhalt von Pflanzenfressern.

Auch in dieser Hinsicht sollte das Futter ausgewogen sein. Aber wenn Sie die oben stehenden Listen betrachten, wird Ihnen auffallen, dass die meisten Hunde heute weit mehr mit den Produkten der ersten Liste gefüttert und die Stoffe aus der basischen Liste meist fehlen oder nur in sehr geringer Menge zur Verfügung stehen. Jetzt wird auch klar, warum der Hund, der als Fleischfresser einen eher zum Sauren tendierenden Stoffwechsel hat, im allgemeinen zusätzlich Saures wie Sauerkraut oder saure Fruchtsorten ablehnt und für uns unangenehm riechendes (alkalisches) Fleisch oder sogar Gras vorzieht. Hunde habe eine lange evolutionäre Anpassung an Säure bildendes Fleisch, was nicht gleichermaßen für die Stoffwechselrückstände des für sie nicht essentiellen Getreides gilt. Und jetzt wissen Sie auch, warum Ihnen Ihr Hund schon mal Ihre Seife klaut und sogar ohne Vergiftungssymptome genüsslich verspeist: Er sucht das Alkalische und das Fett, aus dem Seife ja nun mal gemacht ist. Das ist aber trotzdem als Hundefutter nicht zu empfehlen!

Warum ist der Säuregrad des Darminhalts so wichtig?

Weil jede Bakterienart ihren ganz bestimmten pH-Wert liebt, bei dem sie sich am besten vermehrt, die meisten Vitamine bereitstellt und damit krank machende Mikroben verdrängt. Sobald sich der Säuregrad verschiebt, können sich andere Keime, darunter auch krank machende, breit machen. Diese können dann statt Vitamine Toxine produzieren, die den Organismus chronisch vergiften. Die gleichen Bakterien können also nützlich sein oder auch in anderem Milieu durch zu starke Vermehrung krankheitsauslösend werden.

Aber es gibt noch einen weiteren Grund: Der Hund hat als Fleischfresser einen ganz besonders hohen Säuregehalt im Magen, um damit die Erreger im Fleisch kranker Tiere abtöten zu können. Der Darminhalt kann aber nur unter alkalischen Bedingungen optimal verdaut werden. Deshalb befindet sich hinter der Magen-Darm-Passage der Zugang für das Bauchspeicheldrüsensekret. Das Pankreas, neben Leber und Galle der größte Zulieferer von Verdauungsenzymen, muss voll funktionstüchtig sein, damit es die starke Salzsäure des Magens neutralisieren kann. Wir finden hier also die stärkste Säure und die höchste Alkalität des Organismus nahe beieinander. Es leuchtet ein, dass, je saurer das Futter (siehe oben), desto höher die Neutralisationsleistung dieser Drüse sein muss. Deshalb leiden heute viele Hunde durch zu hohen Gehalt an Mais, Weizenkleie, Mühlennachprodukten, Zuckerstoffen im Fertigfutter usw. unter einer Erschöpfung der Bauchspeicheldrüse. Diese ist nämlich ein sehr sensibles Organ, das sowohl auf inneren organischen als auch auf äußeren psychischen Stress mit Funktionsverminderung reagiert. Dies äußert sich in langsam fortschreitender Abmagerung trotz gutem Appetit und großen Kothaufen. Eine nähere Bestimmung der noch vorhandenen Verdauungsleistung und des Enzymstatus sollte der Tierarzt bei Verdacht in Zusammenarbeit mit einem guten Labor durchführen. Eine Diät (siehe Anhang) ist dann unbedingt erforderlich, ebenso wie übergangsweise die Zuführung von Enzympräparaten bei gleichzeitigem Aufbau der Darmflora. Jeglicher Negativ-Stress erhöht grundsätzlich den Bedarf an Enzymen und und lässt den pH-Wert weiter absinken.

Wann ist eine Darmsanierung sinnvoll?

Was heißt überhaupt Darmsanierung? Unter einer Darmsanierung versteht man ein „Gesundmachen des Darms", besser noch: aller Verdauungsorgane. Sie sollte durchgeführt werden, wenn der Darm in seiner Funktion als Verdauungsorgan, als Abwehr- oder Immunorgan gestört ist, was sich durch eine gestörte Motorik bemerkbar macht:

a) zu schnell = Durchfall
b) zu langsam = Verstopfung

Eine gestörte Darmflora lässt sich häufig durch einen besonders unangenehmen Geruch erkennen. Ist der Geruch zum Beispiel widerlich sauer, war zu viel oder sauer gewordenes Getreide im Futter. Angefeuchtetes Trockenfutter wird bei Sommertemperaturen oder Regen leicht sauer. Feucht gewordenes Trockenfutter kann Intoxikationen hervorrufen, deshalb sollte es immer entfernt vom Wassernapf aufgestellt werden. Geöffnete Dosen fangen auch im Kühlschrank schnell an zu schimmeln! Ist der Geruch des Kotes (manchmal auch aus dem Maul) eher mehr penetrant faulig, liegt es oft an gammeligem, schon in Aas übergegangenem Fleisch bzw. in Wald oder Flur ergatterten „Häppchen" (siehe Anhang Stuhlkontrolle). Bei der Darmflora geht es um die Besiedelung mit den richtigen Bakterien und Hefen, die eine optimale Ausnutzung des Verdauungsbreis

Geöffnete Dosen fangen schnell an zu verderben und verbreiten dann einen unangenehmen Geruch.

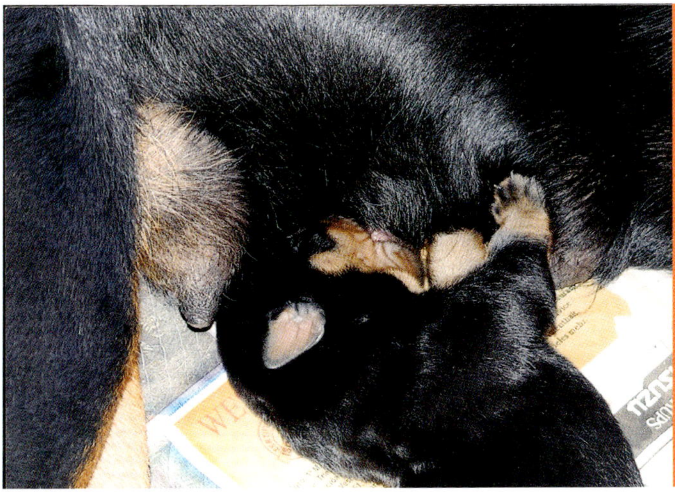

Muttermilch bietet den Welpen den besten Start für die Entwicklung einer gesunden Darmflora.

gewährleisten, genügend Vitamine produzieren, den optimalen pH-Wert erhalten und keine Giftstoffe abgeben.

Wie entsteht eine gesunde Darmflora beim Hund?

- Durch die Geburt durch eine gynäkologisch und auch ansonsten körperlich und mental gesunden Mutterhündin,
- durch Säugen (absolutes Minimum vier Wochen, Optimum acht Wochen),
- durch Füttern der Welpen mit halb Vorverdautem von der Mutterhündin,
- durch biologische, artgerechte, rohe Anschluss- und Beifütterung, die möglichst reich an Enzymen, lebenden Bakterien und Sekundärstoffen sein sollte, eben einer Nahrung, die die Information „Leben" übermittelt.

Entsprechend liegen hier auch die Störungsursachen: Künstliche Hormone, Wurmkuren aus synthetischen Bestandteilen und besonders Antibiotika stören das gesunde Scheiden- und Darmmilieu und begünstigen bestimmte krank machende Keime, insbesondere Pilze und Hefen. Nicht von ungefähr nennt man diese Medikamente Allopathika. „Allos" heißt fremd, fremd für jeden Organismus, denn diese Stoffe kommen so in der Natur nicht vor, weshalb die entgiftenden Stoffwechselprozesse besonders aufwändig sind und besonders viele Enzyme benötigen, die nun aber gerade im kommerziellen Hundefutter fehlen. Das ist nur eine, aber eine sehr wichtige Erklärung für die Zunahme von Allergien. Die Allopathie ist eine Feindtherapie, keine Ursachentherapie, und führt deshalb häufig nach einem ersten schnellen Abklingen der Symptome zu einem späteren Zeitpunkt zu chronischen Beschwerden.

Viele Hündinnen weisen durch Cortisone, medikamentöse Läufigkeitsunterdrückung oder andere Allopathika eine subklinische (= ohne offensichtliche Symptome) bis pathologische Floraveränderung ihrer Schleimhäute auf. Das schwächt das Immunsystem. Deshalb sollten Antibiotika nicht bei jeder Bagatellerkrankung, und das sind mindestens 85% aller Krankheiten, wie medizinische Handgranaten eingesetzt werden. Die können nämlich zwischen nützlichen Bakterien und krank machenden Keimen nicht unterscheiden. Sollte aber bei lebensbedrohlichen Umständen eine Antibiose unumgänglich sein, dann sollte ein Labor möglichst eine Resistenzprüfung vorausgehen lassen, damit das wirksamste Medikament schnellstmöglichst und gezielt gefunden werden und eine Antibiotika-Schrotschuss-Therapie Typ „trial and error“ vermieden werden kann. Auch die allgegenwärtigen Konservierungsstoffe sowie Chlordioxid im Trinkwasser können im Körper nicht zwischen Freund und Feind unterscheiden und sind schließlich dafür bestimmt, Bakterien an ihrer Vermehrung zu hindern oder ihnen sogar gänzlich den Garaus zu machen. Da liest man doch tatsächlich, man solle Hundespielzeug und sogar die Futterschüssel regelmäßig mit Desinfektionsmittel behandeln! Ich empfehle Ihnen, das nicht zu tun, schließlich reicht sogar für Menschen eine Reinigung mit Wasser und Spülmittel aus.

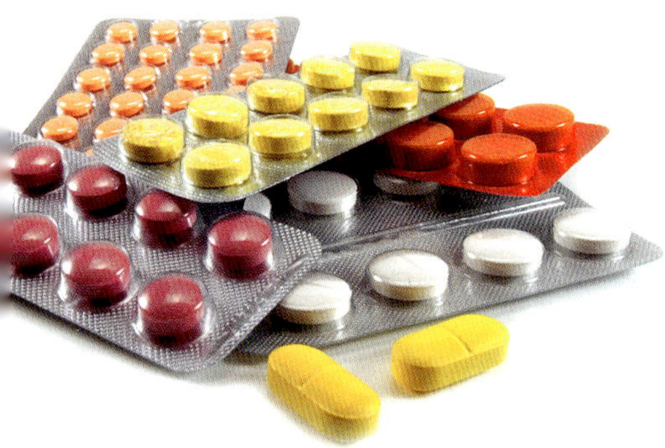

Antibiotika sollten nur bei wirklich ersthaften Erkrankungen und gezielt eingesetzt werden.

Das Mengenverhältnis zwischen bestimmten Bakterien und Hefen im Darm muss also ausgewogen und auf das Futterangebot abgestimmt bleiben. Zum Beispiel än-

Die Welpen werden zwei bis drei Monate vor Krankheiten geschützt, gegen die die Mutter Abwehrstoffe gebildet hat.

dert sich der pH-Wert bei der Futterumstellung von Trockenfutter auf Frischfleisch mit Rohgemüse in der Form, dass der ph-Wert im Verdauungstrakt, gegebenenfalls auch im Blut, steigt. Die sich vorher von Kohlehydraten ernährenden Bakterien bekommen nicht mehr genügend Nahrung, finden nicht mehr ihr optimales Milieu vor und reduzieren sich langsam, für die Proteinverdauung sind noch nicht genügend vorhanden. So kommt es erst einmal zu unphysiologischer Gasbildung. Man muss dieser Veränderung genügend Zeit geben, so dass sich die entsprechenden Bakterien dem neuen Nährstoffangebot angepasst vermehren können.

Die Scheiden- und Darmflora der Mutterhündin überträgt sich auf dem Geburtswege auf die Neugeborenen, deren Verdauungstrakt bis dahin steril war. Durch gegenseitiges Belecken werden weiterhin Keime von Maul zu Maul übertragen, ebenfalls durch das Säugen. Und es leuchtet ein, dass durch die anatomische Lage von Darmausgang und Geschlechtsorganen sowie durch das Belecken dieser Region die eigene Flora verbreitet wird, sei es im negativen wie positiven Sinne.

Die Milch der Mutterhündin ist die normalste und natürlichste Ernährung für neugeborene Welpen. Mutterlose Welpen können zwar mit Kuhmilch oder adaptierter Welpenmilch aufgezogen und so möglicherweise am Leben erhalten erhalten werden, entwickeln aber oft chronische Verdauungsprobleme und eine Neigung zu Allergien. Die Muttermilch enthält Schutzstoffe, die die Welpen zwei bis drei Monate vor Krankheiten schützen, gegen die die Mutter Abwehrstoffe gebildet hat. Diese Immunoglobuline beziehen sich auf Hundekrankheiten, deshalb kann Kuhmilch diese auch nicht vermitteln, denn durch sie soll ja ein Kalb geschützt werden und kein Hund.

Hündinnen, die mit Rohfleisch gefüttert werden, sind oftmals noch instinktsicher genug, ihrem Wurf grob vorgekaute, halbverdaute Nahrung vorzuwürgen, wogegen der Mensch oft falsche hygienische Vorbehalte hat. Ich habe übrigens nie gesehen, dass dieses Hervorwürgen für den Nachwuchs auch mit aufgequollenem Trockenfutter geschieht. Der Beimpfung der Nachkommen mit Verdauungsbakterien der Eltern wird im Allgemeinen zu wenig Beachtung geschenkt, auch beim Menschen. Bei Naturvölkern findet man noch das Abstillen der Säuglinge, indem die Mütter den eigenen Stuhl auf die Brustwarzen schmieren. Anschließend wird den Kindern die Nahrung vorgekaut und in kleinen Bissen in den Mund gestopft. Auf diese Weise werden Mund- und Darmflora als Verdauungshelfer für die Nahrungsumstellung auf die Nachkommen übertragen. Auch Fohlen und junge Schildkröten fressen den Kot ihrer Mütter und anderer erwachsener Tiere, um ihre Darmflora im frühen Alter einzustimmen, danach nicht mehr. Und was machen wir heute, weil der Mangel den Menschen langsam bewusst wird oder wir krank werden? Wir stellen Probiotika aus menschlichen Fäkalien oder Vaginalsekret her, isolieren die darin enthaltenen Milchsäurebakterien, züchten sie weiter und packen sie in Spezialjoghurt oder verkaufen sie in Kapseln in der Apotheke. Wenn das kein Umweg ist!

Fohlen fressen den Kot erwachsener Pferde, um ihre Darmflora einzustimmen.

Wenn die Mutterhündin die Welpen nicht auf oben angegebene Art füttert, empfiehlt sich der Beginn möglichst artgerechter Fütterung während die Mutter noch säugt. Man kann im Alter von gut drei Wochen anfangen, eine kleine Menge folgenden Breis anzubieten: Frischer Labmagen, der sich besonders gut eignet, aber auch grüner Pansen, roher Blätter- oder Netzmagen, den ich in den ersten Wochen in der Küchenmühle zu Brei verarbeite, und dem ich einen Teil des frischen, grünen Mageninhalts zufüge. Alternativ eignet sich beispielsweise rohes Huhn, das ich samt Knochen im Mixer zu Mus verarbeite und dem ich frisches Gemüsegrün und/ oder Papaya zufüge. Den Brei biete ich mit der Zeit immer gröber an, ab der vierten Lebenswoche dürfen schon sehr kleine Stücke darin sein. Die ausgeschiedenen Kotwürstchen der Welpen verändern ihre Farbe und Konsistenz von durch die Muttermilch vorher pastös leicht grünlich-gelb zu etwas dunkler, fester, geformter und bräunlich.

Eine Rinderhüfte ist für einen Welpen schon eine Herausforderung.

Bei der Flüssigkeitszufuhr sollten Sie darauf achten, keine Art von Milch zu verwenden, sondern nur frisches Wasser zur freien Verfügung zu stellen. Wenn Sie die Möglichkeit haben, ziehen Sie sauberes Naturwasser gechlortem Leitungswasser vor.

Nach und nach kann man dann den Welpen ganze Stücke, rohe Knochen mit Fleisch und variationsreiches Komponentenfutter anbieten. Die Ausgewogenheit des Futters mit allen in Kapitel 1 empfohlenen Inhaltsstoffen muss sich nicht auf jede einzelne Mahlzeit, sondern auf die Fütterung in ihrer Gesamtheit beziehen. Was heute fehlt, ist morgen drin! Der Körper holt sich schon jedes Mal, was er braucht, wenn er es nur bekommt. Der absolute Gehalt an Nährstoffen in einer Mahlzeit ist nicht so entscheidend wie die Form, in der sie vorliegen. Heute habe ich mehr Innereien, morgen mehr Fleischknochen zur Verfügung, mal mehr, mal weniger Fett. Ich achte alle paar Tage auf Abwechslung hinsichtlich der Tierart und der Organe, die ich anbiete.

Da Fleisch heute durch die Turbo-Fütterung von Schlachttieren nicht mehr den gleichen Nährwert hat wie frische Beutetiere oder Wild, empfehle ich als Komplettierung der fehlenden Stoffe Komponentenfutter. An Tagen, an denen es schnell gehen soll, gibt's zum Beispiel Rindergurgeln mit anhängender Speiseröhre, Kehlkopf, Lymphknoten, Teile des Zwerchfells und der Lunge oder eine Portion Fleischknochen. Roh und frisch oder aufgetaut. Fertig.

Mehrmals wöchentlich gibt es Komponentenfutter. Zugegeben, es macht schon etwas mehr Arbeit, als das Trockenfutter hinzustellen, aber Ihre Hunde werden es Ihnen mit Gesundheit an Körper und Seele danken. Sie sind gerne eingeladen, meine Hunde zu besichtigen: In ihrem Fell können Sie sich spiegeln und das ganz ohne Shampoos und

Natürlich und frisch ernährte Hunde sind gesund an Körper und Geist und haben ein glänzendes, dichtes Fell.

Sprays, baden und bürsten. Das Baden in Teichen und Bächen besorgen sie selber und ich bürste nur in Ausnahmefällen, z. B. während des Fellwechsels. Wahre Schönheit kommt von innen, eine gesunde Darmschleimhaut setzt sich außen in gesunder Haut fort.

Ein gelegentliches Bad in Seen und Bächen trägt ganz natürlich zur Fellpflege bei.

Ich füttere meine Welpen neben dem Säugen zwei Mal am Tag und bin damit immer gut gefahren. Morgens bekommen sie etwa 80% der Tagesration als Komponentenmischfutter, gerade so viel, dass sie noch ein bisschen übrig lassen. Nachmittags dasselbe noch einmal. Sobald sie Knochen fressen können, gebe ich diese als Abendmahlzeit.

Hunde, die wie oben besprochen im ersten Lebensjahr aufgezogen wurden und nicht überimpft sind, werden eine effektive körpereigene Abwehr ausbilden und sich mit allergrößter Wahrscheinlichkeit zu kräftigen, gesunden Hunden entwickeln, die keine Allergien, Probleme mit der Fruchtbarkeit, des Verhaltens oder der Verdauung kennen. Die Rasse meiner Hunde (Rottweiler) ist für gastro-intestinale Störungen bekanntermaßen besonders anfällig, woran ich selbst als Tierärztin früher oft verzweifelt bin. Seit ich barfe, habe ich damit keinerlei Schwierigkeiten mehr.

Normale, rundum gesunde Hunde sind immer seltener geworden. Ein Großteil der Tiere leidet heute unter Verdauungsproblemen, Hautproblemen, Leckekzemen, Allergien unterschiedlichster Art und last not least unter Verhaltensstörungen. Selbstverständlich haben letztere auch mit Erziehung und Haltung zu tun. Nur noch zwischen 5 und 20% der Hunde in der EU sind Arbeitshunde. Etwa 15% der Hundehalter lasten ihre Tiere mit Wandern, Joggen, Laufen am Fahrrad, unterschiedlichen Hundesportarten und/ oder Nasenarbeit aus. Aber hierüber gibt es ausreichend viele andere Bücher, es sei hier nur kurz erwähnt.

In der post-freudianischen Phase waren alle Verhaltensprobleme unserer Hunde psychisch-traumatisch bedingt. Zur Zeit ist es in Mode, für alle Anomalien ein Gen zu suchen. Mein Anliegen hingegen ist es, auf einen eher unbekannten Zusammenhang hinzuweisen, nämlich den der natürlichen Nahrung auf einen gesunden Geist! Und freuen wir uns, dass bei den Verhaltensstörungen, die auf ein vergiftetes Gehirn zurückzuführen sind, diese wenigstens meist reversibel sind, im Gegensatz zu den schuldigen Genen, die für „organpathologisch verursachte Verhaltensstörungen" (Feddersen) verantwortlich sein sollen, bei denen wir dann nur noch resignieren oder auf die Wunder der Gentechnologie hoffen können.

Mäuse reagieren mit Verhaltensauffälligkeiten, wenn sie mit Junkfood statt mit Vollwertnahrung ernährt werden.

In den USA wurde drei Monate lang mehrfach wiederholt ein Versuch mit Mäusen durchgeführt, bei dem eine Gruppe Vollwertkost bekam, während die andere mit Junkfood (gezuckerte Frühstücksflocken, Bonbons, Kekse und Diätlimo) gefüttert wurde. Schon nach einem (!) Tag veränderte sich das Verhalten der zweiten Gruppe. Die Tiere putzten sich dauernd, beherrschten angelernte Tricks nicht so gut wie vorher, sie hatten keinen normalen Tag-Nacht-Rhythmus mehr, rannten viel, rissen ihr Papphaus in Stücke, wurden ungesellig, fingen an zu kämpfen und nach zwei Monaten brachten sie sogar eine Kumpanin um und fraßen sie. Die „Vollwertmäuse" hingegen blieben sanft und ruhig und kuschelten in ihrer Pappbehausung. Nach

Futterumstellung der zweiten Gruppe dauerte es fast einen Monat, ehe die „Junkfoodmäuse" durch Vollwertkost befriedet werden konnten. Nun entscheiden Sie, welche Sorte Maus bzw. Hund Sie als Hausgenossen bevorzugen würden?

Man weiß nicht genau, welche Stoffe im *processed food* zu Verhaltensstörungen führen. Klar ist jedoch: Nahrungsmoleküle können wie Hormone wirken und diese wie Drogen, die mentale Ungleichgewichte verursachen, die zu Aufmerksamkeitsstörungen, Hyperaktivität, biologisch nicht mehr funktionalem Verhalten und ernsten Gehirnerkrankungen führen können. Die Ernährung hat also massive Auswirkungen auf die gesamte Lebensqualität – bei der Maus wie auch beim Hund und natürlich auch bei uns. Untersuchungen an Naturvölkern haben ergeben, dass Gesundheit und Langlebigkeit nicht auf die Gene, sondern auf Ernährung und Stressfreiheit zurückzuführen sind.

Das erste Lebensjahr ist futterprägend. Aber eine Futterumstellung kann auch zu einem späteren Zeitpunkt bei Hyperaktivität, schwerer Erziehbarkeit und mangelnder Stubenreinheit auf Grund allergischer Ursachen helfen. Sie kann auch die Symptome bei Problemen der Bauchspeicheldrüse, bei Verdauungsbeschwerden, Übergewicht, Harnwegsproblemen, Altersrheuma und sogar Hüftgelenksdysplasie verbessern. Keinesfalls werden die Hunde durch sie aggressiver, ganz im Gegenteil, die Hunde kämpfen weniger, zerstören weniger, sind ausgeglichener und geselliger. Allerdings füttere ich meine eigenen erwachsenen Hunde immer einzeln, getrennt von Artgenossen und Kindern. So kann ich ihren Appetit und Stuhl genau kontrollieren und Unfällen vorbeugen. Natürlich profitieren alle Hunde von Naturfütterung, nicht nur die, die schon krank oder gefährdet sind.

Gesund ernährte Hunde sind im allgemeinen fröhlicher, ausgeglichener und geselliger.

Die Futterumstellung lohnt also immer:

- bei bisher nur mit Industriefutter ernährten Welpen,
- bei bisher nur mit Industriefutter ernährten erwachsenen Hunden, spätestens, wenn sie die ersten Anzeichen von stumpfem Fell, Unpässlichkeiten oder Krankheiten erkennen lassen,
- während oder nach überstandener Krankheit, insbesondere nach Antibiotikabehandlung,
- nach allen Darmerkrankungen, Darmoperationen oder Symptomen wie Bauchschmerzen, mangelndem Appetit, Konsistenz des Stuhls chronisch zu dünn oder fest, evtl. mit Blut, Abmagerung durch mangelnde Enzymtätigkeit der Verdauungsdrüsen, vor allem der Bauchspeicheldrüse, verstopfte oder ständig entzündete Analdrüsen, Futterallergien und Unverträglichkeiten. Für viele dieser chronischen Erkrankungen liegt eine Fehlbesiedlung des Darms als Ursache zugrunde. Heute finden sich krank machende Bakterien wie Clostridien, Coli und Hefen als pathogener Befund häufiger als Parasiten.

Auch alte Hunde reagieren positiv auf eine Futterumstellung und blühen regelrecht auf.

Selbst für alte Hunde kann die Futterumstellung die reinste Verjüngungskur darstellen! Sie verlieren mit dem neuen Futter oft ihre Zipperlein, können wieder besser laufen und blühen richtig auf, ihr Fell verbessert sich. Die Umstellung sollte sich bei ihnen über mehrere Wochen erstrecken.

Auch chronische Entzündungen des Harntraktes, des Bewegungsapparates, der Ohren, der Mandeln, Diabetes, Krebs oder Epilepsie können mit dieser Fütterung wenn nicht behoben, so doch wesentlich gelindert und schulmedizinische Medikamente oft geringer dosiert oder sogar ganz weggelassen werden.

Mein geschätzter Professor Klaus Dämmrich von der Freien Universität Berlin hatte schon 1984 Zusammenhänge zwischen Fertigfutter und Hüftgelenksdysplasie sowie anderen Knochenerkrankungen nachgewiesen. Dies lässt die jahrzehntelange mehr oder weniger erfolglose Röntgenpraxis, den genetischen Wegen dieser Krankheiten auf die Spur zu kommen, in einem anderen Licht erscheinen. Erstaunlich, dass sich so etwas nicht längst rumgesprochen hat. Statt dessen werden Ersthundbesitzer wie Mütter in Entbindungskliniken mit Futterproben als Neukunden geködert.

Natürlich ist in Einzelfällen eine zusätzliche Behandlung nötig, wozu sich vor allem Phytotherapie, Bach-Blüten-Therapie, Homoöpathie und der Einsatz von Schüssler Salzen ergänzend eignen. Hier verweise ich auf weiterführende Literatur, denn es würde den Rahmen dieses Buches bei weitem sprengen, auch nur annähernd ausführlich auf jede einzelne dieser Methoden einzugehen.

In Einzelfällen kann eine ergänzende Behandlung, zum Beispiel durch Phytotherapie...

... oder mit Bach-Blüten eine Futterumstellung sinnvoll unterstützen.

Nach meiner Erfahrung helfen diese zusätzlichen Therapien ohne Futterumstellung lediglich zeitlich begrenzt, viel weniger oder gar nicht, stellen aber eine gute Unterstützung in der Umstellungsphase dar. Jedoch ist es sinnlos, allopathische Medikamente gleichzeitig mit homöopathischen zu verabreichen. Die sind dann nur das Feigenblatt für das eigene, bereits aufgeklärte, schlechte Gewissen und etwa gleichbedeutend damit, als erwarte man von einem kranken Organismus, dass er eine Biene neben einer Rockband summen hört. Uns fehlen heute mehr Vertrauen in die natürlichen Selbstheilungskräfte und vor allem mehr Geduld.

Es versteht sich auch von selbst, dass beispielsweise entzündete Ohren erst gereinigt und belüftet werden müssen oder dass bei Verstopfungen gegebenenfalls andere organische Ursachen wie Tumore, Prostatavergrößerung, Hernien, Darmverschluss oder ähnliches tierärztlich abgeklärt und ggf. behandelt werden müssen, da diese natürlich nicht allein mit einer Ernährungsumstellung zu beheben sind.

Bei Verdacht auf Entzündungen oder organische Erkrankungen ist eine gründliche Untersuchung beim Tierarzt selbstverständlich.

Wie führt man eine Darmsanierung beim Hund durch?

Der beste Anfang für die Gesundung des Darms und eine Umstellung des Futters auf Rohkost ist das Fasten. Das kann das freiwillige Fasten eines kranken Tieres sein oder der Futterentzug, den ich ihm auferlege. Das Fasten sollte solange dauern, bis einen Tag lang kein Kot mehr abgesetzt wurde. Ebenfalls ein guter Anfang kann ein vom Tierarzt durchgeführter Darmeinlauf gegen eine schwere Verstopfung sein. Jeder gesunde Hund kann einige Tage fasten, ohne Schaden zu nehmen, schließlich machen ja auch ihre Vorfahren, die Wölfe, nicht jeden Tag Beute. Kranke Tiere fasten automatisch. Doch die Flüssigkeitszufuhr muss auf jeden Fall sichergestellt sein, notfalls durch den Tierarzt über einen Venenzugang.

Fasten empfiehlt sich nicht:

- bei Welpen, da diese zu schnell an Gewicht verlieren, das sie schwer wieder aufholen,
- bei kachektischen (= stark untergewichtigen) Patienten, Es ist schwerer, etwas hinein zu zwingen oder eine regelrechte Zwangsfütterung durchzuführen, als bei adipösen Tieren die Futtermenge oder Kalorienzufuhr zu vermindern,
- bei notorischen Wenigfressern, Krebspatienten und natürlich solchen, die unter Sondenernährung stehen,
- während der Säugezeit.

Fasten ist für viele Säugetiere jahreszeitlich normal, denken Sie zum Beispiel an den Winterschlaf. Bei Wölfen wechselt Überfressen mit Fasten ab. Das kontinuierliche Naschen an Trockenfutter, das permanent zur Verfügung steht, ist deshalb als nicht naturgemäß abzulehnen. Die angeborene Appetitsteuerung funktioniert nur bei vielfältigem, bedarfsgerechtem Angebot.

Zimmerwarmer Naturjoghurt eignet sich hervorragend als erste Nahrung nach dem Fasten.

Ich lasse also meinen Hund ein bis drei Tage fasten, lediglich Wasser steht stets zur freien Verfügung. Ich kann die Fastentage jedoch gut mit einer pflanzlichen Wurmkur verbinden, wie in meinem Buch über Allergien beschrieben. Sie beruht auf der Kombination von pflanzlichen Abführmitteln mit natürlichen Enzymen.

Danach beginne ich morgens nüchtern mit einem Schälchen zimmertemperiertem Naturjoghurt, das heißt natürlich ohne Früchte, ohne Zucker oder andere Beimischungen, jedoch mit lebenden Lactobazillen. Ich kann diesen Joghurt selbst herstellen oder im Reformhaus kaufen. Es gibt ihn zuweilen auch in Supermärkten, beachten Sie aber immer die Produktaufschriften im Kleingedruckten!

Am späten Vormittag, Mittags oder ein bis zwei Stunden danach gebe ich Komponentenfutter, das so zusammengestellt sein könnte: Der größte Teil sollte durchgedrehtes, in der Moulinette gehacktes oder in Stücke geschnittenes rohes Fleisch mit Fett und Knorpel sein, dazu einige Esslöffel Papaya, fein gehackt. Sie ist für den Anfang ideal, weil sie kaum Eigengeschmack hat und bei der Eiweißverdauung hilft. Oder nehmen Sie fein gehackte Salatblätter, es können ruhig die sein, die Sie aussortiert haben, am besten bio oder ungespritzt aus dem eigenen Garten. Dazu ein Drittel matschig gekochter Reis. Achten Sie darauf, dass alle Komponenten immer erst in Erkaltetes bzw. Zimmertemperiertes eingerührt werden.

Alle Komponenten sind immer roh, außer dem Kohlehydrat-Getreideanteil, der gekocht, überbrüht oder gepoppt sein muss, da er von Fleischfressern sonst nicht verdaut wird. Für den Beginn der Umstellung ziehe ich die Breiform vor, weil durch sie nichts aussortiert werden kann. Nach und nach können die Fleischteile zunehmend gröber angeboten werden, allerdings sollte immer alles sehr gut durchmischt sein. Damit die Fleischstückchen nicht aussortiert und Reis und Gemüse übriggelassen werden, kann man etwas Fischöl oder Pansenmehl untermischen, damit auch die Nicht-Fleisch-Komponenten einen für den Hund attraktiven Geschmack annehmen. Dies ist aber nur bei schlechten oder mäkeligen Fressern nötig, damit der Hund zufrieden is(s)t! Man kann ersatzweise kommerzielles Futtermehl aus Fleischknochen oder Geflügel nehmen, wobei jedoch darauf zu achten wäre, dass es kein Gemisch ist, sondern nur von einer Tierart und möglichst aus Ökohaltung stammt. Keine Angst, gemischte Fleischmehle aus Abdeckereien sind seit 2002 in der EU verboten. Alle Komponenten, Fleischsorten, Kräuter usw. ändere ich täglich entsprechend Verfügbarkeit, Konsistenz des Stuhls, anderen Problemen und Gesamtbeobachtung des Hundes. (Siehe Solutionfinder und Liste Stuhlkontrolle im Anhang.)

Beispielsweise bekommen meine Hündinnen zur Zeit ihrer Läufigkeit Chlorophyll als Paste oder pulverisierte Tabletten in ihr Futter. Wirksame Pflanze hierin ist Bockshornklee, welcher den für Rüden attraktiven Geruch der Hündin absorbiert und somit die Verehrer vor der Tür erspart, ohne den Hormonhaushalt des Tieres zu manipulieren. Chlorophyll absorbiert auch andere schlechte Körpergerüche, ersetzt jedoch natürlich keine Zahnsteinentfernung oder das Bad nach Parfümierung in Hundemanier. Sie können am Kot Ihrer Hunde erkennen, dass der grüne Farbstoff der Pflanzen, das Chlorophyll, fast vollständig vom Körper resorbiert wird – im Gegensatz zu künstlichen Farbstoffen (grün für Gemüse, gelb für Getreide, rot für Fleisch), die auch den Kot noch einfärben, weil sie ja als Gifte ausgeschieden werden müssen.

Bockshornklee ist reich an Chlorophyll.

Pflanzenfarbstoff kann besonders gut im Zellsaft aufgenommen werden, der bei der Zerkleinerung entsteht, deshalb immer mitfüttern. Chlorophyll ist eine elementare Natursubstanz, weil sie Sonnenenergie als Materie transportiert. In der Photosynthese der Pflanze wird tote anorganische Materie (Mineralstoffe) mit Hilfe von Sonnenlicht in lebende organische Materie (Zellen) umgewandelt. Auch hier begegnet uns also wieder die Information „Kein Leben ohne Licht".

Bei den Tieren, bei denen Fasten nicht angezeigt ist oder die anfangs Rohes, insbesondere das Gemüse, nicht akzeptieren, sollte man die gewohnte Nahrung langsam zunehmend mit allen Komponenten in Breiform vermischen, Menge und Art abhängig von der Verträglichkeit, und die Zumischung langsam steigern. Der Darm und seine Bakterien und Enzyme brauchen Zeit, um sich umzustellen. Bei noch gesunden Hunden geht das in wenigen Tagen ohne große Probleme. Hunde, die vornehmlich Trockenfutter erhalten haben, müssen ihre Darmflora von übermäßiger Kohlehydratverdauung auf vermehrte Proteinverdauung umstellen. Wenn sich nach Jahren steriler Fütterung die Darmflora einseitig reduziert hat und Hefen und Pilze überhand genommen haben, muss man mit einer längeren Übergangsphase rechnen. Das kann je nach individueller Empfindlichkeit und Vorschädigung drei bis vier Wochen dauern, ist aber auch bei sehr alten Hunden noch möglich. Ein Versuch lohnt sich auf jeden Fall immer.

Die Futterumstellung kann je nach individueller Empfindlichkeit und Vorschädigung drei bis vier Wochen dauern.

In schweren Fällen sollte eine Stuhluntersuchung auf Keimbesatz und die Verdauungsleistung vorausgehen. Zuweilen ist eine vorherige Bekämpfung der Hefen und ihrer Mykotoxine Voraussetzung für eine gesunde Neubeimpfung. Das ist dann Sache eines Heilkundigen. Es gibt inzwischen spezielle Präparate, die den Bakterien (Lactobazillen, Enterokokken usw.) des Hundes angepasst sind (zum Beispiel Symbiopet). Weil die Magensäure viele lebende Keime abtötet, müssen sie einige Wochen lang hoch dosiert gegeben werden.

In der Umstellungszeit sollte man vorzugsweise enzymreiche, modulierende Komponenten füttern, um den Prozess zu beschleunigen. In schweren Fällen kommt man in dieser Phase auch um den medizinischen Einsatz zusätzlicher Enzympräparate (zum Beispiel Pankreatan, Pankreon, Kreon, Panzynorm, Bromelain, Fido-Wobenzym) nicht herum. Am besten helfen pflanzliche und tierische Enzyme, die in Kombination verabreicht werden. Die pflanzlichen Enzyme werden aus Ananas und Papaya extrahiert, die tierischen aus den Bauchspeicheldrüsen von Schwein und Rind. Sie haben einen magensaftresistenten Überzug, damit die Enzyme nicht schon im Magen verdaut werden und so ihre Wirkung im Darm verlieren. Von den natürlich verabreichten Enzymen in Früchten oder Drüsen gelangt jedoch noch etwa ein Drittel unverdaut ins Blut. Ideal wäre es, frische Bauchspeicheldrüse mit Darmanhängen zu verfüttern.

Pflanzliche Enzyme (z. B. aus der Papaya) kombiniert mit tierischen Enzymen beschleunigen den Umstellungsprozess.

Es gibt aber auch Medikamente, die ihre Enzyme aus genmanipulierten Pilzkulturen wie zum Beispiel Penicillium gewinnen. Diese werden dann gereinigt, die Enzyme werden extrahiert und isoliert, danach mit Röntgenstrahlen bestrahlt, um azelluläre, sporenfreie Präparate herzustellen. Trotzdem reichen wohl Spuren oder ihre transportierte „Information" aus, um bei sensiblen Individuen mit Schimmel-Allergien Symptome auszulösen.

Ich möchte an einem persönlichen Beispiel darstellen, wie eine Darmsanierung bei einem in diesem Falle mehrfach vorgeschädigten Hund aussehen kann:

Ich hatte diesen Streuner schon einige Male in unserer Gegend gesehen und mit meiner Hündin immer einen großen Bogen um ihn gemacht. Eines Tages, als wir wieder einmal eine unserer ausgebüchsten Stuten weiter entfernt vom Haus suchten, näherte dieser Rüde sich plötzlich und ehe wir uns versahen, hatten wir ihn schon gestreichelt. Im Nachhinein eine sehr unvernünftige Handlung, aber ich hatte seinem bittenden, wie mir schien sehnsuchtsvollen Blick nicht widerstehen können. Er hatte nichts Scheues, aber auch nichts Falsches in seinem Ausdruck.

Da er einen sehr elenden Eindruck machte, beschlossen wir spontan, ihn mit nach Hause zu nehmen und luden ihn erst mal in die Transportkiste des Autos, was er mehr oder weniger widerstrebend, aber ohne Aggression über sich ergehen ließ. Er war sehr verschmutzt und so wusch ich ihn erst mal unter dem Gartenschlauch. Ich musste mich selber wundern, denn ich kannte diesen Hund ja erst einige Stunden. Aber er schien meine Fürsorge sogar zu genießen und schloss dabei die Augen. Oder war es seine Schwäche? Nun war er also erst mal sauber und so sah ich ihn mir näher an: Er schien ein Rottweiler oder Rottweiler-Mix zu sein. Er war so mager, dass man seine Hüfte, die oben spitz herausstak, fast mit einer Hand umschließen konnte. Die rechte Seite war durch eine große, ältere Verletzung fast haarlos. Eine andere offene und eiternde Wunde hatte er über dem rechten Auge. Ich vermutete, dass er von der rechten Seite von einem Auto erwischt worden war. Auch aus seinem Penis quoll, wie bei so vielen Rüden, gelb-grünlicher Eiter. Ich setzte ihm erst mal eine große Schüssel Futter vor und freute mich an seinem Appetit. Das war ein gutes Zeichen!

Nach eingehender Inspektion am nächsten Tag wusste ich noch mehr. Er setzte konzentriert-gelben Urin mit Anstrengung in der Halbhocke ab, obwohl er erwachsen war, hatte Fieber, was seine greisen Bewegungen und sein Temperament erklärte, obwohl er den Zähnen nach nicht viel älter als ein Jahr sein konnte. Das erleichterte zwar seine Leinenführigkeit, doch Sorge machte mir zudem, dass sein Stuhl dünn und blutig war. Außerdem entdeckte ich, dass die Knochen seines rechten Vorderfußwurzelgelenks etwas schief angewachsen waren, weshalb er nach kurzer Anstrengung immer lahmte. Ich säuberte sein Auge und behandelte es mit Salbe, ebenso ließ er sich widerstandslos seinen Penis mit verdünnter Milchsäurelösung spülen und einen Trockensteller für Kühe mit Enzymen injizieren und sogar ein Schleifchen vorne draufsetzen, um die Einwirkung zu verlängern. Dieses Schleifchen wurde natürlich vor dem Spazieren gehen wieder entfernt. Beides machte ich jeden Tag, bis zumindest das Auge völlig abgeheilt war. Trotz täglicher Spülungen sind die Präputialkatarrhe meist schwerer zu beheben, da sie oft schon lange chronisch sind. Es handelt sich häufig um sehr resistente Bakterien und/ oder Hefen. So auch in diesem Falle.

Ich begann sofort mit meiner auf ihn abgestimmten Heilfütterung. Da er bisher von Müll gelebt hatte und ihm an Futter alles recht war, passte ich ihn sofort an das vorhandene Futter meines anderen Hundes an. Morgens gab es auf nüchternen Magen jedoch erst einmal ein Schälchen Joghurt für die Beimpfung mit Laktobazillen. Etwas später erhielt er eine große Portion gekochten Reis (gegen Durchfall und zum Sattwerden), vermischt mit kleingeschnittenem fetten Rindfleisch (zum Zunehmen) und rohem Lab- oder Blättermagen (für die Enzyme), etwas rohe fein geraspelte Möhren (gegen Würmer und Durchfall), sowie gemixte frische Papayaschalen (für die Vitamine und um ihm das enzymatische Aufschließen des Fleisches zu erleichtern). Einige Teelöffel Bierhefepulver für B-Vitamine, die die Darmflora unterstützen, rundeten das Ganze ab. Gegen die Entzündung von Harn- und Verdauungsorganen kochte ich mittelstarken Tee von Katzenkralle, den ich dem Ganzen noch zufügte und gut unterrührte. Von dieser Mischung konnte er fressen, so viel er mochte. Einige Tage lang hielt sein Durchfall noch an, doch das Blut verschwand. Der Urin wurde dünner, sicher auch deshalb, weil sich jetzt immer jemand um seine gefüllte Wasserschüssel kümmerte. Nach etwa einer Woche hatte sich sein Stuhl vollständig normalisiert und ich konnte auf andere Komponenten übergehen, die ich gerade so zur Hand hatte: Kohlrabi- oder Radieschenblätter, Salat oder Fruchtpulpe, die Reste meiner selbstgemachten Säfte. Fettes Fleisch behielt ich zum Aufpäppeln weiterhin bei, ebenso den Zusatz des Catsklaw-Tees. Dabei kann man die ausgekochten Reste des Tees ebenfalls in den Mixer schmeißen und mitverfüttern.

Nach ca. drei Wochen hatte er deutlich zugenommen und keinerlei Verdauungsstörungen mehr, und das ganz ohne jegliche weitere Behandlung. Seine hässlichen kahlen Stellen waren leicht glänzendem Flaumhaar gewichen. Er zeigte mehr Temperament und Seelenregungen, freute sich gelegentlich, fing sogar ab und zu an zu bellen, zu rennen und zu spielen. Natürlich lässt sich mit Futter kein schief angewachsenes Fußgelenk reparieren, aber durch seine viel bessere Kondition behinderte es ihn fast nicht mehr.

Leider mussten wir uns nach vier Monaten von Tommy trennen, denn er duldete auch nach dieser Zeit keine Einschränkung seiner Freiheit, obwohl er bei uns in einem großen Garten und angrenzenden Pferdekoppeln laufen konnte. Aber sobald er sich eingesperrt fühlte, egal ob im Haus oder Zwinger, auch mit Hundegesellschaft, heulte er ausdauernd und lautstark, auch nachts. Wir versuchten es anfangs mit Beruhigungsmitteln, doch da Mensch ja auch mal außer Haus gehen muss, suchten wir einen neuen Besitzer mit einem großen, einsamen Bauernhof, den wir auch fanden.

Übrigens scheinen meine Hunde Komponentenfutter großen Knochen und ganzen Organfleischstücken vorzuziehen, wenn sie die Wahl haben, so als ob sie sagen würden: „Was, heute muss ich mich selber abmühen?“ Wenn sie selber zerren, reißen, kauen müssen, können sie halt nicht so schlingen, was aber den Vorteil hat, dass sie ihre Zähne säubern und länger beschäftigt sind. Deshalb gebe ich gerne ganze Organteile, Gurgeln, ganze Därme im Eimer nach Hausschlachtungen, Pansen mit Inhalt oder Knochen an Tagen, an denen ich nicht so viel Zeit habe, mich mit ihnen zu beschäftigen, und wenn das Füttern mal schnell gehen soll.

Große Futterbrocken wie Knochen, Gurgeln oder ganze Organteile bieten sich an, wenn das Füttern mal schnell gehen soll.

Notfalls gelegentlich gegebenes Trockenfutter oder anderes Industriefutter schaden einem Hund mit gesunder Darmflora nicht. Es fällt ja auch nicht jedes Kind tot um, wenn es mal bei McDonald‘s isst, obwohl bekannt sein dürfte, dass das auf Dauer keine gesunde Ernährung für Heranwachsende ist. Allerdings neigen Hunde mit vorgeschädigten Verdauungsdrüsen, Allergiker und Ekzemer dabei zu Rückfällen, sogar bei einmaligen Leckerchen. Deshalb ziehe ich es vor, auf Reisen Schweineohren, Ochsenziemer, Trockenfleischstücke usw. anzubieten. Die gibt es in vielen verschiedenen Variationen in Zoohandlungen, Versand- und Futterhäusern zu kaufen, sie nehmen wenig Platz ein und den Geruch kann man noch akzeptabel nennen.

Auf dem Wege zum glücklichen Dauerpatienten werden heute die meisten Hunde über den Fressnapf umgebracht! Da liegt der Hund begraben! Mit Industriefraß werden außerdem Tierärzte und Pharmaindustrie gefüttert, denn nur ein kranker Patient ist ein guter Patient. Auch wenn Sie, lieber Hundefreund, es nicht gerne hören: Ihr verdauungsgestörter Hund ist ein umkämpfter Konsument! Der Markt für Tierarzneimittel ist in Deutschland im Jahre 2004 um nochmals 3,7% gestiegen, was nichts anderes bedeutet, als dass unsere treuen Freunde noch kränker geworden sind.

Ich zitiere wörtlich aus dem „Zentralen Zooanzeiger" 08/ 2005: „Das Antibiotikasegment entwickelte sich gut. Injektionsantibiotika zeigten die höchsten Wertzuwächse. Eine anhaltend positive Entwicklung gab es auch bei Entzündungshemmern, Pilz- und Ohrprodukten sowie Flohpräparaten." Fragt sich nur, für wen diese Zuwächse positiv waren, für unsere Hunde jedenfalls nicht, denn es dürfte inzwischen klar sein, dass wir nicht mit immer mehr Geld immer mehr Gesundheit kaufen können, sondern Krankheit als Industrieprodukt in Form eines wundersamen Perpetuum mobile erschaffen.

Natürlich ernährt brauchen weder Menschen noch Hunde Zusatzpräparate und künstliche Vitamine, um gesund und fit zu sein.

Ein Kapitel zur vegetarischen Fütterung

Man kann einen Hund mit vegetarischem Futter durchaus am Leben erhalten und sicher verursacht diese Fütterung, wenn sie nur gelegentlich verabreicht wird, bei einem gesunden Hund keinen Schaden. Anders sieht das aus bei solchen, die gezwungen sind, ihr ganzes Leben damit zu fristen oder die bereits Allergien und Unverträglichkeiten entwickelt haben.

Die Auslöser dieser Krankheiten sind vor allem Fleischersatzstoffe wie Soja, Milch und deren Produkte, sowie Weizen und Mais, die dann als Proteinträger bzw. als Sattmacher gebraucht und geschickt zu Formfleischstückchen aufgebrezelt oder zu Backwaren geformt werden. Letztere können dann krebsverdächtiges Acrylamid enthalten. Dieses Futter ist zu hoch erhitzt, zu sehr verarbeitet, für Hunde unsinnig, auch wenn es mit Zertifikaten wie „handgemacht" geschmückt ist. Ebenso entbehrlich wie extra für Barfer hergestellte Instantnudeln. Das Neueste ist ein bereits zugelassener Fleischersatz, der als Eiweißfermentationserzeugnis aus Erdgas im Bioreaktor hergestellt wird. Lieber Vegetarier, jetzt sagen Sie mal ehrlich, wollen Sie Ihrem Hund das wirklich antun?!

Getreidelastige und künstlich gefärbte Backwaren sind keine geeignete Hundenahrung.

Grundsätzlich sind für den Hund alle Pflanzen schwerer zu verdauen als Fleisch. Besonders im Futtergetreide finden sich Milben sowie Schimmel- und Hefepilze, gegen die viele Hunde Allergien entwickeln. Ebenso wie gegen das Getreideeiweiß an sich, da es für den Hund nicht zu artgerechter Nahrung zählt. Tödliches Schimmelgift unterscheidet nicht zwischen Billigfutter, Premium- oder Diätfutter. Bei allen Sorten kam es bereits zu Rückrufaktionen auf Grund von Todesfällen.

Insgesamt sind Kohlehydrate für Fleischfresser nicht lebensnotwendig und absolut entbehrlich, ja im Übermaß sogar schädlich, denn sie können auf Dauer nicht nur zu oben genannten Krankheiten, sondern auch zu einer Unterfunktionen der Bauchspeicheldrüse führen (Malabsorption oder Diabetes) und zu hypoglykämischen Zuständen, die sich in Aggression und Fresssucht äußern. Die so genannte Zuckerkrankheit bei Hunden war vor der für das Industriezeitalter üblichen Fütterung, also etwa vor 60 Jahren, noch so gut wie unbekannt. Das gilt auch für Allergien. Wild lebende Karnivoren nehmen Getreide nur in minimaler Menge vorverdaut auf, beispielsweise in Kröpfen von Vögeln und Mägen von Nagern.

Genveränderte Nahrung enthält Erbgut von unbekannten Bakterien und Viren, was unvorhersehbare Gensprünge hervorrufen kann.

Von gentechnisch verändertem Mais und Soja gehen heute 80% ins Tierfutter. Genveränderte Nahrung enthält Erbgut von unbekannten Bakterien und Viren, was bei den Mikroben der Darmflora unvorhergesehene Gensprünge durch DNS-Austausch hervorrufen kann. Bei Schweinen und Rindern verursacht dies Sterbefälle, vermindert Fruchtbarkeit und Geburtenraten, worüber ich auch kürzlich einen großen Züchter verschiedener Hunderassen jammern hörte. Als ich ihn darauf aufmerksam machte, dass alle seine Hunde bei ihm Trockenfutter erhalten, konnte er einen möglichen Zusammenhang kaum glauben. Dieser besteht nicht nur in genverändertem Futter, sondern auch in kohlehydrat-verpilzten Geschlechtsorganen von Rüden und Hündinnen sowie Östrogene durch Soja im Übermaß.

Durch fleischlose Nahrung wird die physiologische Fleischfresser-Darmflora zerstört. Von dort ist es dann nur noch ein kleiner Schritt zur Allergie mit Verdauungsstörungen, Haut- oder Verhaltensproblemen, chronischen Ohrentzündungen und allerlei mehr. Alle Allergien beginnen im Darm (siehe mein Buch: Allergien beim Hund).

Ein ebenso großes Risiko der vegetarischen Fütterung ist die Mangelernährung. Nur tierische Organismen bieten hochwertiges Eiweiß, von wenigen besonderen Pflanzen wie der hochgezüchteten Sojabohne einmal abgesehen. Am meisten Eiweiß pro Gewichtseinheit enthalten Körper von Wirbeltieren und dieses hochwertige Eiweiß enthält alle lebenswichtigen Aminosäuren. Diese sind unentbehrlich für Aufbau und Wachstum von Muskeln und Organen, für die Bildung von Enzymen und Immunoglobulinen, für Leistungsfähigkeit, für Vermehrung und Foetenentwicklung. Besonders Gehirnwachstum und Gehirnstoffwechsel, zuständig für Verhalten und Intelligenz, benötigen hochwertige gehaltvolle Nahrung, die in dieser konzentrierten Form nur tierische Quellen bieten können. Das gilt besonders für die Zeit von der 2. bis zur 7. Lebenswoche, in der eine rasante Entwicklung des Gehirns in der Sozialisierungs-

Hochwertige tierische Proteine sind unentbehrlich, vor allem für Welpen in der Zeit von der 2. bis zur 7. Lebenswoche.

Tierische Aminosäuren sind wichtig für ein schönes und glänzendes Fell.

phase stattfindet. Viele Botenstoffe im Gehirn sind Aminosäuren und deren chemische Abkömmlinge. Schadstoffe werden ebenfalls an Eiweißkörper gebunden, die wichtig für den Entgiftungsmechanismus und die Krankheitsvorbeugung sind. Aminosäuremangel kann schlechte Haarqualität bewirken, da 20% des Nahrungsproteins im Fellwechsel für die Haarerneuerung benötigt werden und Fell zu 95% aus Proteinen besteht. Eiweiß macht die Hälfte des Trockengewichtes eines Hundekörpers aus. Wenn es fehlt, kann es zu Abmagerung und Abwehrschwäche des Immunsystems kommen.

Es wird immer wieder behauptet, dass Proteine tierischen Ursprungs den körpereigenen Proteinen ähnlicher sind und deshalb leichter verwertbar sein sollen. Dies erscheint mir indes keine schlüssige Aussage, dann wäre ja wohl Kannibalismus die beste Ernährungsform. Der kommt aber in der Natur eher als Ausnahme vor. Auch vergreifen sich Wölfe vornehmlich an Pflanzenfressern, nur gelegentlich an den ihnen als Allesfresser näher stehenden Wildschweinen und noch seltener an anderen Fleischfressern. Die Aufnahme tierischer Proteine gilt aber nicht umsonst als Evolutionsbeschleuniger, weil Fisch- und Fleischeiweiß Gehirn und Intelligenz anregen. Körperproteine hängen in ihrer chemischen Zusammensetzung von den aufgenommenen Proteinen der Nahrung ab und können nur aus diesen aufgebaut werden. An den Stickstoffwerten des Körpers kann ein Wissenschaftler ablesen, wie viel Pflanzen oder Fleisch gefressen bzw. verstoffwechselt wurden.

Ohne Fleisch fehlt es an bestimmten Aminosäuren, die Pflanzen nicht bieten können. Lysin, Methionin und Tryptophan bezieht der Hund fast nur aus Fleisch. Das Tryptophan im Fleisch für meine Hunde bewirkt,

Die Aminosäure Tryptophan, die in tierischen Proteinträgern enthalten ist, bewirkt, dass Hunde einfach „gut drauf" sind.

dass sie einfach „gut drauf" sind, denn es ist zuständig für die Bildung von Glückshormonen. Besonders sind noch L-Carnitin und Taurin zu nennen. Ihr Mangel kann Herzerweiterung, Blindheit, Taubheit und Krämpfe provozieren. Deshalb müssen sie dann bei vegetarischem Hundefutter in synthetischer Form zugesetzt werden. Obwohl Taurin für den Hund keine essentielle Aminosäure ist, da er sie aus den Aminosäuren Methionin und Cystin mit Hilfe von Vitamin B6 selber aufbauen kann, wird dem Hundefutter oft Taurin zugesetzt, da es einige Rassen gibt, bei denen Mängel festgestellt wurden (Cocker Spaniel, Pitbull, Setter, Dalmatiner und Malamute), außerdem bei großwüchsigen Rassen, die mit Reis und (trotz!) Lamm aufgezogen wurden. Taurin kommt in Pflanzen praktisch nicht vor, jede zuverlässige natürliche Quelle ist tierischen Ursprungs (Fleisch, Fisch, Muscheln, Milch, Eier, Käse). Deshalb wurde es vor der industriellen Synthese aus Meeresschnecken oder der Gallenblase des Rindes gewonnen, woher es sogar seinen Namen hat (Taurus = Stier). Das widerspricht dem vegetarischen Prinzip an sich. Und trotz des Zufügens von synthetischem Taurin findet sich in einem Beutetier immer noch 20 Mal mehr davon. Das bedeutet, dass einige

Nährstoffanforderungen so hoch sind, dass sie in einer vegetarischen Diät trotz Zusätzen nicht erfüllt werden können.

Durch Zufügen wird außerdem das ausgewogene Aminosäuren-Mischungsverhältnis verfälscht. Und wollten wir nicht gerade zurück zur Natur, zu weniger Chemie, zu möglichst artgerechter Fütterung? Aus gutem Grund ist die Gabe synthetischer Aminosäuren in der ökologischen Landwirtschaft verboten. Sie sind ja auch nur da unerlässlich, wo mit den Proteinträgern einer mangelhaften Ration der Bedarf an Aminosäuren nicht gedeckt werden kann.

Aminosäuren liegen in tierischem Gewebe in natürlicher L-Form vor, synthetisch können sie aber nur in D oder DL-Form hergestellt werden. Das hat mit der Raumstruktur und Spiegelbildlichkeit der Moleküle zu tun. Man weiß noch nicht einmal, ob die D-Variationen überhaupt vom Organismus zur Proteinsynthese genutzt werden können, da natürliche Proteine ausschließlich in L-Formen vorliegen. Es könnte möglich sein, dass sich durch Umweltgifte und denaturierte Eiweißverbindungen die körpereigenen Eiweiße in ihrer räumlichen Struktur verändern, so wie es bei den so genannten Prionen bei BSE der Fall ist. Das Resultat kennen wir...

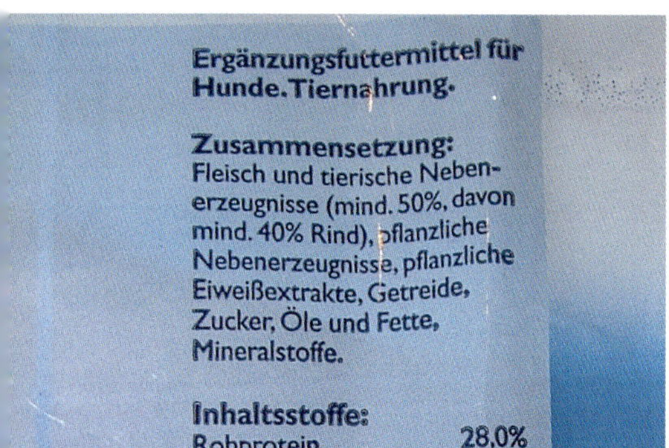

Die Rohproteinangabe auf der Futterverpackung unterscheidet nicht zwischen pflanzlichem und tierischem Protein.

Die Angabe des Gesamtproteingehaltes auf der Futterdeklaration hilft uns nicht weiter, denn sie differenziert nicht zwischen pflanzlichem und tierischem Eiweiß und sagt nichts über seine biologische Wertigkeit. Und da Hunde eher schlecht lesen können, zielt die Verführung zu eher teurerem vegetarischem Futter ausschließlich auf den Besitzer.

Zu viele Kohlehydrate schaden, auch wenn es sich um Ökofutter handelt. Leider hat das Wort „natürlich" im Zusammenhang mit Lebens- und Futtermitteln nur noch inflationäre Bedeutung. Ein vegetarisches Futter wirbt mit „Reines Naturprodukt!", in der Dose sind „100% natürliche Inhaltsstoffe", gleichzeitig wird aber der Zusatz von (synthetischen) Vitaminen angegeben. Ein neu erfundener Futterautomat für den armen, allein gelassenen Hund, dessen Besitzer nicht einmal Zeit zur Nahrungszuteilung hat, wirbt mit: „Artgerecht, da die ursprüngliche Frische des Futters unverändert bleibt". Natürlich kann dieser Automat nur trockene Backmurmeln zuteilen und das ist weder artgerecht, noch ursprünglich und frisch schon gar nicht. Lassen Sie sich nicht einlullen von Begriffen wie „bio", „ganzheitlich", so genannten „wertvollen Inhaltsstoffen" oder trendigen Kräutern, wo es eigentlich nur um moderne Abfallverwertung geht.

Vegetarische Fütterung ist für einen Fleischfresser, wie der Name schon sagt, weder seiner Anatomie noch seiner Physiologie entsprechend, obwohl sich, wie wir gesehen haben, die bakterielle Besiedlung des Darms durchaus in Grenzen anpassen kann. Pflanzenprodukte müssen gründlich gekaut und eingespeichelt werden, schon da muss der Hund passen, denn er hat keine Zähne, die sich als Mahlwerkzeuge eignen. Dafür aber welche, die gut dazu geeignet sind, Beute festzuhalten. Sein Kiefer bewegt sich nur auf und ab, nicht seitlich wie bei Pflanzenfressern. Sein Speichel besitzt weder das Enzym Ptyalin, das pflanzliche Zellstrukturen aufknacken kann, noch Amylase zur Stärkeverdauung. Das ist auch ein Grund, weshalb unsere kohlehydrat-verköstigten Stöckchenbringer fast allesamt unter unlöslichem, braunstinkigem Zahnbelag und seinen Folgeerkrankungen leiden. Sein Speichel ist außerdem sauer, um nämlich Eiweiß anzudauen, im

Das Gebiss eines Hundes ist nicht zum Kauen und Zermahlen von Pflanzen geeignet.

Gegensatz zum alkalischen des pflanzenfressenden Tieres. Zusätzlich haben Fleischfresser weit weniger Geschmacksknospen als Pflanzenfresser. Sie schlingen alles schnell und unbesehen hinunter, im Gegensatz zu Pflanzenfressern, die jedes Kräutlein einzeln auf seine Bekömmlichkeit hin auswählen müssen.

Wiederkäuer wie Rinder und Schafe zerkauen ihre pflanzliche Nahrung mehrfach.

Der Hundedarm ist im Verhältnis gesehen viereinhalb Mal kürzer als beim Pflanzenfresser und mit einer viel geringeren verdauungsunterstützenden bakteriellen Besiedlung ausgestattet. Die Hauptverdauung findet in seinem Dünndarm statt. Die Passagezeit beträgt bei Rohfutter lediglich einen halben Tag. Diese Zeit reicht nicht, um harte Zellwände zu knacken, weil bestimmte Enzyme zur Aufschließung von Pflanzenfasern fehlen. Ganz anders ist es bei Pflanzenfressern, die Gras und Blätter im Maul gründlich zermahlen und einen langen Darm oder Mägen mit mikrobiellen Gärkammern vorweisen, die eben auch eine ganz andere, üppigere Darmflora besitzen und hauptsächlich im Dickdarm verdauen. Mit Hilfe der ihnen eigenen, dort angesiedelten Mikroorganismen können sie harte Zellulosefasern in energiereiche Fettsäuren und Zucker zerlegen. Und nicht nur das, sie können sogar aus schwer verdaulichen pflanzlichen Stoffen hochwertiges Eiweiß in Form von Bakterien aufbauen. Das alles können Fleischfresser nicht. Sie müssen ihr Eiweiß direkt aufnehmen, besitzen aber hierfür in der Leber ein spezielles Harnstoff-Entgiftungs-Enzym, Urikase, über das Herbivoren wiederum nicht verfügen. Karnivoren brauchen dafür viel geringere Futtermengen, weil tierische Nahrung viel konzentrierter ist. Ein Steak entspricht – energetisch betrachtet – einer Schubkarre voll Heu.

Besteht die Hundenahrung überwiegend oder fast ausschließlich aus Blattgemüsen und Früchten, wie ich es bei überzeugten Rohkost-Vegetariern gesehen habe, fehlt es den Tieren massiv an Eiweiß und Phosphor. Über den Zustand dieser jungen Dogge möge sich der Leser anhand des Fotos (unten) selbst ein Bild machen.

Erwiesenermaßen beeinträchtigt diese Ernährungsform sogar die Gehirnentwicklung. Selbst Gemischtköstler wie Schimpansen entwickeln bei dieser Ernährung einen raubtierhaften Fleischhunger und beim Menschen sind irreversible Entwicklungsschäden des Gehirns bei Kindern bekannt geworden. Vegetarisch ernährte Hunde haben nicht weniger Krankheiten, sondern andere. Sind die rohen, vegetarischen Bestandteile zudem nicht zerkleinert, schluckt der Hund sie in großen Stücken oder ganz hinunter, weil sein Fressverhalten ganz auf Festhalten von Beweglichem, Beutemachen und schnelles Abschlucken programmiert ist. Die nicht zerkauten Pflanzenbestandteile finden sich dann im Kot wieder. Dieses Unverdaute führt unweigerlich zu Dysbiose (= qualitative und quantitative Veränderungen der Darmflora).

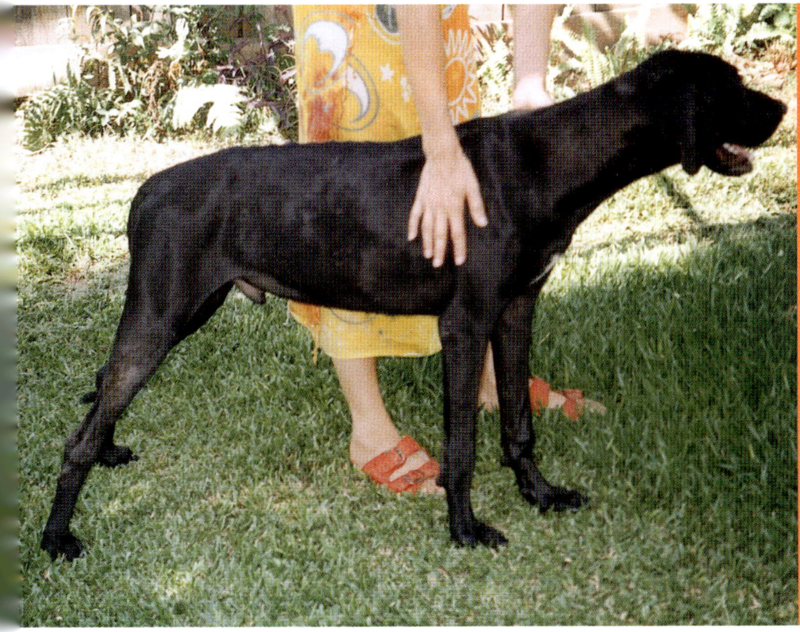

Eine junge, vegetarisch ernährte Dogge: mager und mit Hautekzem.

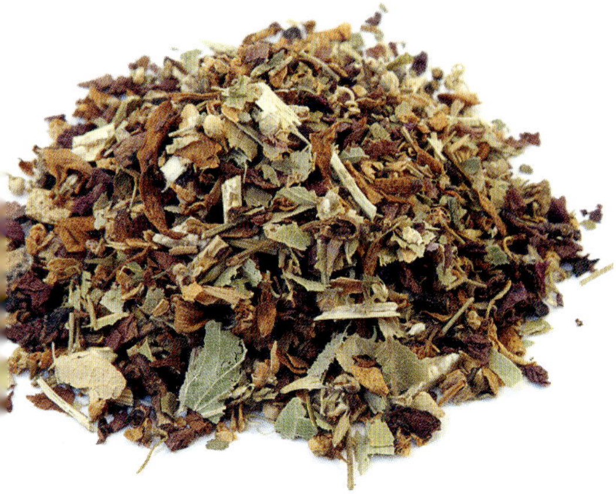

Wildkräuter – getrocknet oder frisch – liefern wichtige Spurenelemente.

Getreide, Blätter, Wurzeln und Früchte enthalten im allgemeinen außerdem ungenügend Fette, wie übrigens auch Light-Futter. Ohne Fette können die Vitamine darin gar nicht ausreichend resorbiert werden. Fette sind generell wichtig für Blutgerinnung und natürlich Energiereserven bei Kalorienmangel in Krankheits- oder Hungerzeiten und damit für die Lebensverlängerung. Fleisch und Milch von Haustieren sind im Gegensatz zu denen von Wild und Fisch zwar insgesamt fettreicher, aber viel ärmer an den wichtigen ungesättigten Fettsäuren. Die bekannten Omega-Fette finden sich beispielsweise noch zu 30 % im Fleisch vom Büffel, aber nur noch zu 2 % im Fleisch von Hochleistungsrindern. Da die Variabilität der Fettsäuren in Fettgewebe und Milch den zugeführten Ölen entspricht, geht daraus hervor, dass Wildkräuter den Büffel eben doch gesünder machen als wissenschaftlich ausgeklügeltes Futter unser Vieh. Ein guter Grund, auch unseren Hunden Kräuter zu geben, zumal der Spurenelementanteil im Fleisch von Wildrindern doppelt so hoch ist.

In kommerziellem Hundefutter findet sich ein Verhältnis von 15 – 30:1 zwischen Omega 3 und Omega 6 Fettsäuren, in natürlicher Beute ist das Verhältnis 5 – 7:1. Ein großer Unterschied! Barfer brauchen sich um die Omega 6 Fette keine großen Gedanken zu machen, denn sie finden sich ausreichend in fettem Fleisch und Pflanzen, während die Omega 3 Fette vornehmlich in fettem Seefisch und ein wenig in Mikroalgen vorkommen.

Fette sind besonders wichtig für den Kälteschutz, die Zellmembranen der Darm-Blut-Schranke, die Ummantelung der Nervenzellen und für das

Gehirn, das zu 60% aus Fett besteht. Um Körperfett aus Nahrungsfett herzustellen, braucht der Organismus 25 Mal weniger Kalorien als aus aufgenommenen Kohlehydraten. Insbesondere Mutterhündinnen können hier durch ihre eigenen erschöpften Vorräte Defizite an die Welpen weitergeben, die sich in verzögerter Gehirnentwicklung und Lernbereitschaft, späteren Verhaltensstörungen und nebenbei auch mangelndem Fellglanz zeigen können. Also: Fette sind Schmierstoff für das Gehirn und Mangel bringt den Hund um den Verstand!

Hierbei sind tierische Fette, insbesondere die weichen, wie die von Fisch, Geflügel und Schwein, den pflanzlichen an Akzeptanz und Verwertbarkeit wesentlich überlegen, weil einige pflanzliche Öle vom Hund erst noch in eine für seinen Organismus verfügbare Form umgewandelt werden müssen. Tierische Fett enthalten außerdem Krebsschutzfaktoren und stärken das Immunsystem. Der Hund toleriert, wie der Wolf, große Mengen davon, vorausgesetzt, er verfügt noch über gesunde Verdauungsdrüsen. Es erhöht für ihn die Schmackhaftigkeit wie bei uns die Schlagsahne auf dem Obstkuchen und dient der raschen Energiespeicherung für magere und kalte Zeiten.

Über den Cholesterinwert Ihres Hundes brauchen Sie sich dabei keine Gedanken zu machen, denn der Zusammenhang zwischen Blutfettwerten und Nahrung ist selbst beim Menschen keineswegs nachgewiesen. Cholesterin ist ein lebenswichtiger, fettähnlicher Stoff, der sich auch in Pflanzen, besonders aber in Schmalz und Butter findet und zur biochemischen Grundausstattung aller Organismen gehört. Tiere brauchen es besonders reichlich. Unter anderem produziert es der Körper selbst, weil er es zur Hormon- und Vitaminsynthese braucht.

Hunde brauchen verhältnismäßig viel mehr tierische Fette wie Butter oder Schmalz als Menschen.

Schon gewöhnliche, nicht vegetarische Futtersorten beinhalten sehr oft zu wenig ungesättigte Fettsäuren. Sie sind für die Hersteller unerwünscht, da sie schnell ranzig werden und dadurch die Haltbarkeit des ganzen Produktes herabsetzen. Doch auch bei fast ausschließlicher Fütterung von Rinderfett kann es zu Mangel kommen, der sich unter anderem in talgig-schuppigem, stumpfem Fell zeigt. Aber das ist immer noch besser, als gar kein Fett.

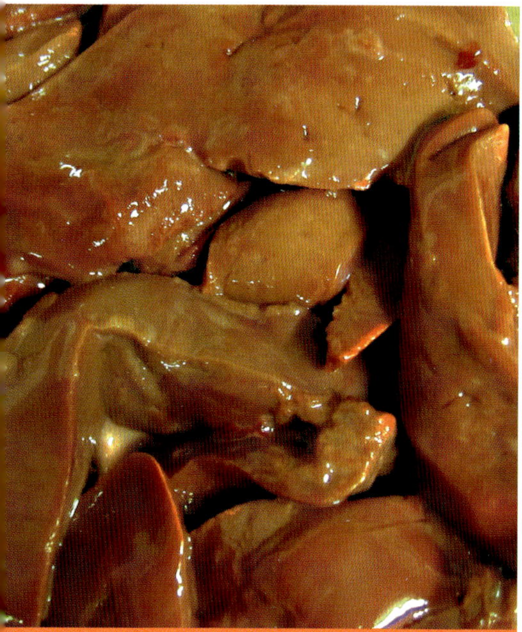

Die wichtigste Quelle für Vitamin B12 ist Rinderleber.

Vitamin B 12 findet sich so gut wie ausschließlich in tierischen Erzeugnissen. Wichtigste Quelle ist die Rinderleber, es findet sich aber auch in anderen Innereien, in Fisch, Putenfleisch und diätetischen Hefen und angeblich (die Aussagen widersprechen sich) in bestimmten Algen. Wird es dem Futter zugesetzt, wird es gentechnisch hergestellt. Dieses Vitamin kann der Hund zwar mit einer gesunden Darmflora wie die meisten anderen Vitamine selber bilden und in der Leber speichern, aber gerade das innere Ökosystem ist ja bei vegetarisch ernährten Hunden unnatürlich verändert, um nicht zu sagen gestört. Der Umwandlungsprozess setzt außerdem eine ausreichende Kobalt-Versorgung voraus, die fast nur durch Erdanhaftungen an Futterteilen aufgenommen wird, wenn nicht durch tierische Nahrung. Das dürfte für den Hochhaushund schwierig werden. Auch kann man nicht feststellen, wie weit die Speicher bereits geleert sind, weshalb es Jahre oder sogar Generationen dauern kann, ehe es zu sichtbaren neurologischen Entwicklungs- oder Blutgerinnungsstörungen mit Anämie kommt. Neurologische Störungen finden wir bei vielen Hunden bereits heute.

Leber und Fisch haben außerdem einen hohen Gehalt an Vitamin A, der sich nur in tierischen Produkten findet. Hier liegt dieses Vitamin in direkt resorbierbarer Form vor. Im Gegensatz dazu findet sich in Pflanzen nur ein Pro-Vitamin A als Vorstufe, das vom Organismus noch umgewandelt werden muss und vom Hund nicht leicht erschlossen werden kann. Mit einseitiger Leberfütterung kann man allerdings auch eine Vitamin A Vergiftung provozieren, doch in richtiger Menge schützt gefütterte Leber Haut und Schleimhäute vor Parasiten. Wird Vitamin A künstlich zugesetzt, so wird es aus Azeton hergestellt. Ja, genau dem Stoff, der Ihrem Nagellack einen so stechenden Geruch verleiht.

Vitamin B3, Niacin, findet sich ebenfalls hauptsächlich im Fleisch, besonders vom Kaninchen, und in Schweineleber, aber auch in Geflügel, Milch und Bierhefe. Das Niacin im Mais ist für den Hund nicht verwertbar. Alle in der Nahrung aufgenommenen B-Vitamine unterstützen ein gutes Nervenkostüm und eine gesunde Darmflora, die dann ihrerseits wieder fleißig B-Vitamine und Vitamin K herstellt. Welpen mit einer gestörten Darmflora können deshalb unter Vitamin K-Mangel leiden. Künstlich zugesetztes Vitamin K hat jedoch eine andere chemische Struktur, kann sogar toxisch wirken und zu Knochenproblemen führen.

Vtamin B3 (Niacin) ist unter anderem in Kaninchenfleisch, Schweineleber und Geflügel enthalten.

Vitamin D wird neben der Eigensynthese in der Haut durch Sonnenlicht ebenfalls hauptsächlich über tierische Produkte (Fisch, Leber) aufgenommen. Dies ist besonders wichtig für alte Hunde bei reiner Haushaltung, womöglich noch in sonnenarmen Regionen, wozu Deutschland mit seinen langen Wintern mit Sicherheit zählt.

Eisen ist für den Hund so gut wie nur aus tierischer Quelle resorbierbar. Wir finden es besonders in Milz, Leber, Blut, rotem Muskelfleisch und hier besonders Pferdefleisch. Ein Mangel führt zu blassen Schleimhäuten durch niedrige Hämoglobinwerte, Appetitverlust, brüchigen Krallen und diversen Magen-Darm-Erkrankungen.

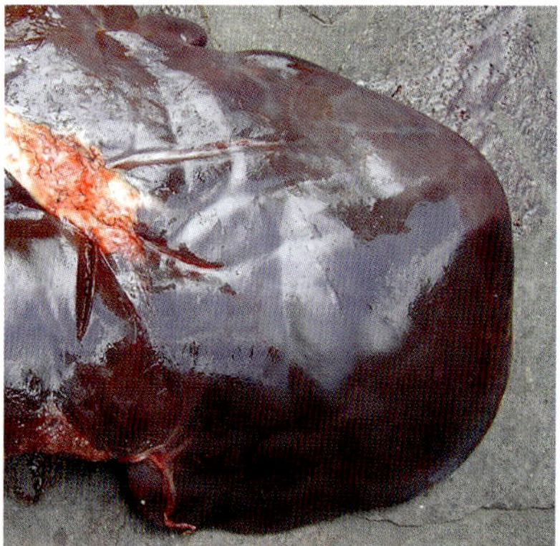

Leber und rotes Muskelfleisch enthalten sehr viel Eisen aus tierischer Quelle.

Aus tierischen Quellen wird auch Zink in viel höherer Menge aufgenommen als aus pflanzlichen oder aus Mineralstoffmischungen, weil es an Aminosäuren oder Proteine gebunden vorliegt. Am meisten findet es sich in Schweineleber, Muskelfleisch vom Rind und in Innereien allgemein. Beim Menschen weiß man, dass mindestens 200 Enzyme Zink zu ihrer einwandfreien Funktion benötigen. Zinkmangel ist auch beim Hund weit verbreitet und führt zu Pusteln und Schrunden an Maul und Pfoten sowie anderen Haut-, Verdauungs- und Verhaltensproblemen (Hyperaktivität, Aggression) und Allergien. Überhaupt werden fast alle Mineralstoffe leichter aus tierischen Produkten aufgenommen.

Jod findet sich ebenfalls hauptsächlich in tierischen Produkten wie Fleisch, Fisch, Milch und Meeresfrüchten. Aber Jodsalz sollte Hunden, wie Salz überhaupt, nicht gegeben werden. Oder haben Sie schon mal einen Wolf mit Salzstreuer gesehen? Vegetarisch ernährte Hunde sollten deshalb wenigstens gelegentlich Algen bekommen, vor allem, wenn sie fern vom Meer wohnen.

Jetzt könnte man natürlich sagen: „Nun gut, wenn alle diese Stoffe im vegetarischen Futter fehlen, dann setzen wir sie eben künstlich zu." Dazu sind zwei Punkte anzumerken: Erstens kann man überhaupt noch nicht alle Aminosäuren und Vitamine technologisch herstellen und zweitens, selbst wenn man es könnte, wäre es eine riskante Reduzierung der natürlichen Vielfalt, weil nur das zugefügt wird, was

a) überhaupt bekannt ist und
b) leicht und preiswert herzustellen ist.

Und drittens ist nicht die Zufuhr entscheidend, sondern die Verwertbarkeit. Über Langzeitwirkungen von Vitaminzusätzen gibt es überhaupt keine gesicherten Erkenntnisse. Ein in zu hoher Dosis gegebenes Vitamin kann ein anderes blockieren. Bei Überdosis können die Fähigkeiten zur Selbstsynthese und zur Abspaltung aus natürlicher Nahrung verloren gehen. Man hat festgestellt, dass künstliche und zu hohe Dosen sogar generell den Impfschutz abschwächen und die Tumorneigung erhöhen. Und überdosiert wird häufig in Hundevollnahrung, denn Lagerverluste, erntebedingte natürliche Schwankungen und Mängel werden von vorneherein vorausgesetzt. Je größer der Sack, desto weniger Inhaltsstoffe sind nach drei Monaten noch drin, nämlich fast keine mehr. Ist der Sack hingegen frisch, sind viele Inhaltsstoffe überdosiert, wodurch Nieren und Leber überlastet werden.

Ich zitiere Prof. Großklaus vom Bundesinstitut für gesundheitlichen Verbraucherschutz und Veterinärmedizin: „Es ist bisher ungeklärt, ob solche isolierten Wirkstoffe sich nicht verändern, wenn sie einem Lebensmittel zugesetzt werden." Oder gar schädliche Effekte entwickeln, wenn sie sich mit tausenden von Naturstoffen arrangieren müssen. Aber der Gesetzgeber hat beschlossen, dass es unschädlich ist. Kein Labor der

Welt ist imstande, auch nur annähernd das komplexe Wirkstoffprofil natürlicher Nahrung nachzubauen. Erst recht trifft das auf Einzelpräparate zu. In der Natur gibt es beispielsweise viele hundert verschiedene Beta-Carotin ähnliche Vitamine, mit noch kaum bekannten Wirkungen, die aber wissenschaftlich und bedarfsmässig überhaupt nicht erfasst werden, weil nur eines davon technisch leicht synthetisiert werden kann. Und deshalb ist nur dieses von Interesse, weil verkäuflich. Und warum überhaupt Additive kaufen, wenn doch sowieso alles drin sein soll in der Dose und Tüte?!

Natürliche Vitamine bergen weniger Risiken und Nebenwirkungen. Es gab schon schwere Vergiftungen durch Verunreinigungen mit Rückständen aus der Vitaminsynthese. Sie glauben doch wohl nicht, Vitaminpillen bestünden aus Gemüseextrakten?! Das wäre viel zu teuer, die Ausbeute zu gering. Da manipuliert man lieber das Erbgut von Pilzen, Pflanzen oder Bakterien. Und wenn B12 zugesetzt wird, stellt man es aus Antibiotikarückständen oder aus Erdöl her. Oder isoliert das Vitamin K aus Froschhäuten oder Fischmehl oder D3 aus der Wolle von Schlachtschafen. Das ist dann gar nicht mehr so vegetarisch.

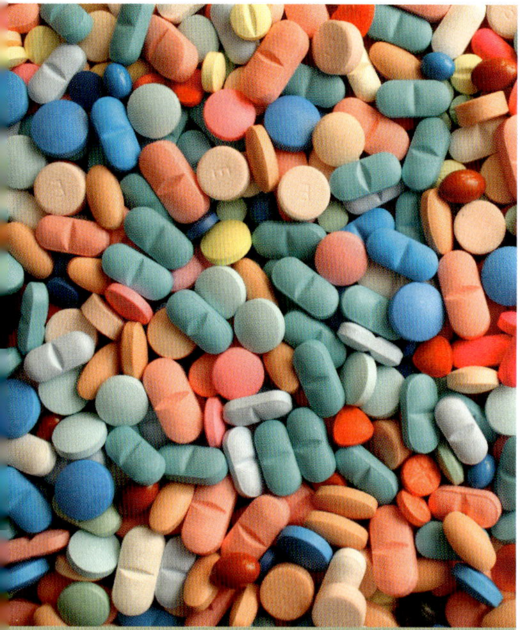

Im Gegensatz zu natürlichen Vitaminen bergen Vitaminpillen zahlreiche Risiken und Nebenwirkungen.

Defizite jeglicher Art in der Ernährung verschlimmern sich mit jeder folgenden Generation, da die Mutter ja schon mit leerem Speicher in die Trächtigkeit startet. Die Welpen leiden dann bereits intrauterin unter Mangelversorgung und auch die Muttermilch kann nur die Stoffe weitergeben, die das Muttertier selbst zu sich genommen hat. Wenn ein Welpe im Mutterleib bereits schlecht ernährt wird, ist seine Gesundheit für den Rest seines Lebens bedroht. Neueste Forschungen zeigen auf, dass einseitige Ernährung sogar ins Erbgut eingreift, und zwar in die Methylgruppen der DNS, die mit dem Ein- und Abschalten von Genen zu tun haben. Das bringt ihre Feinabstimmung aus dem Lot und wird sogar an die Nachkommen weitergegeben.

Warum meint der Mensch, er wüsste alles besser als die Natur selbst? Ein Hund ist ein Hund und bleibt ein Hund. Was aus Rindern wird, die man zwangsweise zu Kannibalen gemacht hat, das wissen wir ja inzwischen: Sie werden verrückt und sterben elendig. Hunde, die vegetarisch leben müssen, können die erwähnten Mangelerkrankungen bekommen. Wahrscheinlicher ist, dass sie verhaltensgestört und schwer erziehbar, diabetisch oder einfach nur dümmlich werden. Die Darmflora wird wird von Darmhefen überwachsen. Sie leben von Kohlehydraten in Getreide, Zuckerstoffen und Früchten und scheiden Immungifte und neurotoxische Stoffe aus. Ein typisches Symptom ist, dass die Umsetzung der Erfahrungen nicht genügend in einen Lernprozess mündet, weil die Sinnesverarbeitung durch Störungen des Gehirnstoffwechsels erschwert ist. Hyperaktive Hunde tun grundsätzlich das Gegenteil von dem, was man gerade von ihnen erwartet und Erziehungsübungen führen in der Regel weder durch Liebe noch Strenge zum gewünschten Erfolg. Diese Tiere sind unerziehbar, unersättlich, unberechenbar, fordernd, impulsiv, flippig, wie durchgeknallt, empfinden Körperkontakt zuweilen als Belästigung und durch Reizfilterschwäche ihres Nervenkostüms gehen ihnen die nötigen Entspannungsphasen ab. Das kann das Ergebnis fal-

Hyperaktivität und flippiges Verhalten sind häufig auf eine zu stark pflanzliche Ernährung zurückzuführen.

scher Haltung oder Erziehung sein, aber eben auch Folge einer defizitären Ernährung. Das sind dann die Hunde, mit denen wirklich kaum etwas anzufangen ist. Bloch nennt sie ignorante oder dreiste Nichtsnutze. Dass, wie er behauptet, Tierärzte tatsächlich Aggressionsverhalten oder übermäßige Angst auf die Ursache falscher Fütterung zurückführen, halte ich allerdings für sehr unwahrscheinlich.

Man bedenke, dass es überhaupt keine Verhaltensstörungen bei Wildtieren in ihrem natürlichen Lebensraum gibt. Dr. Dorit Feddersen-Petersen räumt zwar ganz allgemein ein, dass unbiologische Umweltzustände zu erworbenen Verhaltensstörungen führen können. Die meisten Wissenschaftler machen dann aber bei genaueren Definitionen einen großen Bogen um den wichtigsten Umweltfaktor, nämlich das Futter.

Nebenbei bemerkt: Schlittenhunde in Grönland, die nur rohen Fisch und Robbeninnereien bekommen, sind besonders abgehärtet und leistungsstark und kennen keinerlei Allergien.

Schlittenhunde in der Arktis, die nur rohen Fisch und Robbeninnereien zu fressen bekommen, sind besonders leistungsstark und abgehärtet.

Manche Mangelerscheinungen machen sich erst ein oder zwei Generationen später bemerkbar. Das gilt auch für Hunde, die lebenslang mit billigem Fertigfutter ernährt wurden, denn da ist ja auch kaum Fleisch drin, und wenn überhaupt, dann nur denaturiert durch Erhitzen bis auf 250°C. Den wenigsten Hundehaltern ist bewusst, dass ihr konventionell ernährter Hund ja eigentlich jetzt schon ein Fast-Vegetarier ist, denn in einer 400 g Dose befinden sich gerade mal 16 g reines Fleisch! Entsprechend gering ist dann auch der Gehalt an Aminosäuren tierischen Ursprungs. Schauen Sie genau auf die Deklaration! Da ist zum Beispiel bei einem Hundekeks ehrlicherweise „Lebergeschmack" statt „Leber" angegeben, was ja nicht dasselbe ist, obwohl Geruch und Geschmack ähnlich sein mögen, aber eben nicht die biologische Wertigkeit. Und im Falle von „mit Lamm" ist wirklich mehr „mit" als „Lamm" drin, nämlich nicht mehr als 4%. Das Übrige besteht dann aus einer Art Restmüll inklusive Zuckerstoffen in bunter Dose. Und geworben wird für: „Lustige Teddybärform für den kleinen Hunger zwischendurch! Erfrischend und krümelarm!" Ich glaube, das andere Ende der Leine ist in Wahrheit weder an Erfrischungsstäbchen noch an Teddybärform interessiert, sondern eher an einer zünftigen Mäusejagd, denn die vereint alles, was das Hundeherz begehrt: Spannung, Spiel und was zu Naschen!

Eine zünftige Mäusejagd bringt neben einer schmackhaften Beute auch Spaß und Spannung.

Bei verarmter Nahrung nimmt der Befall mit Parasiten schnell zu, es kann zu stumpfem Fell und Durchfall kommen. Allerdings sind weder preiswerte Futtermittel immer schädlich, noch sind teure immer ungefährlich. Fest steht jedoch: Fertigfutter wurde für unsere Bequemlichkeit erschaffen, nicht für die Gesundheit unserer Hunde.

Nur 0,2% andersartige Gene unterscheiden den Hund von seinem Vorfahr, dem Wolf.

Karnivoren macht aber wiederum Kannibalismus gar nichts aus. Ich habe selbst gesehen, dass streunende Hunde sich über überfahrene Artgenossen hermachten. Sie graben auch tote Artgenossen aus und fressen daran. Hierin sind sie noch ganz Wolf, denn nur wenige veränderte Gene, genau 0,2%, trennen sie von ihm. Eine Beute ist für ihn um so attraktiver, je weniger Aufwand damit verbunden ist, sie sich anzueignen, denn Angriff und Verfolgung zehren an seinen Fett- und Energiereserven. Deshalb fallen Wölfe und leider auch manchmal Hunde lieber über eingepferchte Schafe oder einen Hühnerstall her, als zu viel Energie bei der Verfolgung eines flinken Rehs zu vergeuden. Jedes Tier in der Natur will sich den Magen mit dem geringsten Einsatz an Energie füllen. Aus diesem Grund kann man wilde Tiere leicht mit Futter zähmen. Bei Aas und Kadavern entfällt die Kräfte zehrende Hetzarbeit. Karnivoren (einschließlich des Hundes) verfügen über einen Magensaft von solcher Schärfe, dass ihnen die aus der bakteriell-enzymatischen Zersetzung des Fleisches hervorgehenden Leichengifte nichts ausmachen.

Wenn schon in normalen Futtersorten der Gehalt der Inhaltsstoffe keineswegs optimal ist (Ökotest 03/ 2004), so kann man das noch weniger von einem vegetarischen Futter erwarten, bei dessen Fütterung es somit noch viel eher zu Mangelerscheinungen und Unterversorgungen kommen kann. Sehr viele Hunde leiden heute an kalorischer Überernährung und einer Überversorgung mit künstlichen Vitaminen und anorganischen Mineralstoffen, aber gleichzeitig an Vitalstoffmangel natürlicher Materie, also an Mangel vor vollen Näpfen. Allgemein ist ein schleichender qualitativer Verfall der Versorgung seit Aufkommen der Industrienahrung festzustellen, wodurch sich insbesondere chronische Erkrankungen und psychische Störungen bei unseren vierbeinigen Lebensgefährten vermehrt haben.

In oben genanntem Test wurde in den Proben ein Zuviel an Mineralstoffen, Phosphor, Getreide und Knochenmehl sowie in einigen Schimmelpilzgifte und chlorierte Kunststoffe gefunden. Und ein Zuwenig, da haben wir`s, an Eiweiß und Verdaulichkeit, und das schon bei konventionellem Futter. 2005 sah es bei 20 getesteten Trockenfuttersorten nicht anders aus: Überdosierung an Mineralstoffen, ungünstiges Verhältnis von Kalzium zu Phosphor („Branchenforum" 11/ 2005). Auch die Zeitschrift „Warentest" kommt in der Ausgabe 09/ 2006 bei 30 untersuchten Trockenfuttern zu keinem besseren Ergebnis, denn einige der so genannten Alleinfutter für Welpen und Großrassen wurden als ungeeignet bis gefährlich eingestuft. Moniert wurden Mängel an Fettsäuren und bestimmten Mineralstoffen. Schadstofffrei waren nur acht Produkte, wobei hier lediglich auf Pilzgifte, Blei, Cadmium, Arsen, Quecksilber und bestimmte Pestizide getestet wurde. Man kann aber davon ausgehen, dass diese am verdächtigsten sind. Oder sind sie im Labor nur am einfachsten nachzuweisen? Jedenfalls eine äußerst magere Bilanz nach 50 Jahren Forschung am Hund!

In zahlreichen Hundefertigfuttern wurden bei Tests Schadstoffe wie Schimmelpilzgifte gefunden.

Für viele Nährstoffe ist der optimale Bedarf überhaupt nicht bestimmt und differiert je nach Autor um ein Vielfaches. Außerdem ist er viel zu individuell und hängt eben auch von Verdauungsleistung, Resorption, dem Vitaminspeicher in Leber und Darm, der Verträglichkeit, der vorliegenden chemischen Verbindungsform, ja sogar der physikalischen Molekülstruktur und den Mischungsverhältnissen mit anderen Nährstoffen und Medikamenten ab, die in ihrer gegenseitigen Beeinflussung übrigens weitgehend unbekannt sind. Man hat in Fertigfuttermitteln über das Tausendfache erhöhte Mineral- und Vitaminwerte gefunden. Jedes Labor, jeder Futtermittelhersteller hat seine eigene Mischung, was nicht auf eine allgemein gültige, gesicherte wissenschaftliche Basis schließen lässt. Forschungsergebnisse und Richtlinien werden nur dann veröffentlicht, wenn sie der Futtermittelindustrie nicht schaden. Die Mischungen werden eher nach problemloser Herstellbarkeit und Preis denn nach Bedarf oder Mangel der Zielgruppe zusammengestellt, suggerieren dem Hundehalter jedoch eine gefährliche Scheinsicherheit, die an Verbrauchertäuschung grenzt. Deshalb bergen so genannte Alleinfuttermittel das Risiko falscher Schätzwerte, welche bei Dauergebrauch die Ursache zahlreicher chronischer Erkrankungen des Hundes darstellen. Das Futtermittelgesetz hat zwar das Standardfutter erfunden, das den Nährstoffbedarf insgesamt abdecken soll, den Standardhund gibt es jedoch nicht.

„Nur die Dosis macht, dass ein Ding ein Gift ist!"

Es gilt nicht „viel hilft viel", denn keiner weiß eigentlich so genau, wie viel wovon benötigt und verstoffwechselt wird. Früher wurde immer auf gefährliche Mängel hingewiesen, zur Zeit wird eher vor dem Mineral- und Vitamin-Overkill gewarnt, denn heute weiß man, dass ein Zuviel Nieren und andere Ausscheidungs- und Entgiftungsorgane belastet. Exzessive Zufuhr von Vitamin B6 führt beispielsweise zu neurologischen Störungen. Paracelsus sagte schon: „Nur die Dosis macht, dass ein Ding ein Gift ist!" Das gilt also auch für den guten Ruf der Vitamine, denn es ist möglich, dass sich laborgestrickte Vitamine bei Überdosierung in Gifte verwandeln, was besonders für Injektionen gilt, die schwere allergische Reaktionen hervorrufen können.

Auch der menschliche Stoffwechsel bevorzugt natürliche Vitamine gegenüber den im Labor erzeugten.

Wie ich mich selbst überzeugen konnte, wird sogar auf Humanmediziner-Kongressen keinerlei Unterscheidung zwischen Laborvitaminen und Vitaminen im natürlichen Verbund getroffen. Selbst der über Vitamine referierende Professor konnte mir keine genauen Angaben hinsichtlich unterschiedlicher Verstoffwechselung machen. Nach langem Suchen fand ich im Internet einen einzigen Versuch an Menschen. Eine Gruppe wurde künstlich, die andere natürlich vitaminisiert. Dann wurden Leber-, Blut- und Gewebewerte analysiert. Bei den natürlich ernährten fanden sich weit höhere Vitaminwerte. Es scheint, dass der Organismus die natürliche Form des Vitamins bevorzugt anreichert, weil er es leichter erkennt. Die Leber fungiert dabei als eine Art Vitaminschleuse. Die isolierten Kunstprodukte sind also nicht so wirksam wie die natürlichen Vorbilder, was auch daran liegt, dass ein Vitamin mit dem gleichen Namen im organisch-natürlichen Zusammenhang in hunderten von verschiedenen Varianten vorliegt. In welcher Kombination diese am wirksamsten sind, ist unbekannt. Das viele tausend Jahre alte System der Natur gibt wechselnden Gemischen und einer breiten Variabilität den Vorzug.

Für viele Schadstoffe sind keine Grenzwerte für Heimtiernahrung festgelegt und ihre Zulassung bedeutet nicht, dass sie sich als unbedenklich erwiesen hätten. Grenzwerte sind sowieso willkürlich und anfechtbar, werden aber von der Industrie nach ihren Marketingbedürfnissen als wissenschaftlich abgesichert dargestellt. Sie entsprechen auch nicht den fließenden Übergängen der Biologie. Zudem sind in Futtermitteln mehr und andere Zusatzstoffe erlaubt als in Lebensmitteln, unter anderem auch genmanipulierte Pflanzen, technische Enzyme, Begasung von Getreide gegen Schädlinge, Zusätze für Maschinengängigkeit, die im Endprodukt verbleiben usw., und noch nicht einmal deklariert werden müssen.

Die Anpassungsleistung des Organismus an kommerzielles Futter, mehr noch an vegetarisches, reicht also nicht aus. Wir müssen bedenken, dass 60 Jahre Industrienahrung nichts sind im Vergleich zu tausenden von Jahren seit Hundegedenken. Für die Umwandlung vom Wolf zum Hund bis heute standen mindestens 13 000 bis 16 000 Jahre zur Verfügung, nach neuesten Erkenntnissen der Mitochondrien-Forschung sogar ein Vielfaches mehr. Und jetzt meinen wir, wir könnten, weil es uns so gefällt, den Hund in einem halben Jahrhundert – ja, zu was eigentlich? – transformieren. Zur kleinen Gartenkuh auf Pfoten? Vielleicht sollte man dann aber die Genjongleure erst ans Werk lassen, vielleicht wachsen unseren Hunden dann auch noch Hörner! Wollten wir auf die natürliche Anpassung und Auslese vertrauen, müssten wir ein paar tausend Jahre warten.

Dieser Hund freut sich, dass er das Grasfressen der Kuh überlassen kann.

Unser Haushund hat sich dem Menschen als Entscheidungsträger für seine Bedürfnisse anvertraut. Aber ist dieser Entscheidungsträger noch vernunftgesteuert, wenn er selbst der Darmflora seines Hundes seine Weltanschauungen und Modeströmungen aufzwingt? Oder gilt eher das Motto „mitgefangen, mitgehangen“? Mangelernährung bei vollen Tellern bzw. Näpfen mit der Konsequenz, unter ähnlichen Zivilisationskrankheiten zu leiden?

Die Ursache vieler Zivilisationskrankheiten und Allergien ist die übermäßige Pestizidbelastung unserer Lebensmittel.

In einer Biozeitschrift fand ich Reklame für vegetarisches Hundefutter. Zu sehen war ein Hund neben einer Futterschüssel mit einem großen Rettich, einem Radieschen und einer Porreestange – ausgerechnet Gemüsesorten, die sich für Hunde nicht besonders eignen! Da wird doch tatsächlich behauptet, Hyperaktivität könne eine Folge von übermäßigem Fleischkonsum sein! Wer bloß sagt das unseren Wölfen? Hat man je von einem Wolf gehört, der an einem Aufmerksamkeits-Defizit-Syndrom leidet oder hyperaktiv ist? Der wäre schon längst verhungert oder überfahren. Getreide ist heutzutage genauso schadstoffbelastet wie Fleisch, darin liegt kein Unterschied. Ersteres mit Pestiziden und manipulierten Genen, Zweiteres mit Hormonen, Antibiotika, Beruhigungsmitteln und hohen Dosen künstlicher Vitamine (C zur Haltbarmachung, B3 zum Röten des Fleisches). Durch verschimmelten Mais in Fertigfutter starben Anfang 2006 über 100 Hunde (Branchenforum 02/ 2006)! Der Unterschied bei vegetarischem Futter liegt lediglich in der Verdienstspanne. Katzen, die ja ihrem natürlichen Verhalten noch näher stehen als Hunde, lassen sich jedenfalls kein vegetarisches Futter andrehen – oder oder sie werden krank, wenn sie es fressen müssen, weil ihnen nichts anders angeboten wird. Organic Pet Food, think about it!

Gäbe es keine Fleisch- und Aasfresser, hätten wir Mäuseplagen und überall Verwesungsgeruch. Wie gut, dass es Tiere gibt, die sich davon angezogen fühlen. Sie haben ihre sinnvolle Aufgabe im Weltgeschehen. Da ringen selbst eingefleischte (!) Vegetarier ein ganzes Buch lang mit sich und ihrer Tierliebe zu den fleischfressenden Kameraden. Sie räumen ein, dass manche von diesen nur über Hungern zu Vegetariern gemacht werden können. Ehrlicherweise wird ein amerikanischer Experte, Mark Sunlin, zitiert, der zugibt, dass es sehr wahrscheinlich ist, dass in der für Wölfe natürlichen Beutenahrung zahlreiche uns im Moment noch unbekannte Bestandteile vorkommen, die in einer fleischlosen Ernährung nicht in ausreichender Menge enthalten sein können. Deshalb wird eine vegetarische Fütterung höchstens mit den erforderlichen synthetischen Ergänzungen befürwortet. Aber wie und woraus die hergestellt werden, darüber sprachen wir ja schon.

Rohes Fleisch, Fett, Obst und Gemüse schmecken und sind natürlich gesund.

Die leistungsfähigsten Lebewesen sind allerdings nicht die reinen Fleischfresser. Der Hund lebt nicht vom Fleisch allein! Eine optimale, ausgewogene Nahrung besteht aus verschiedenen Komponenten! Eigentlich müsste doch meine Rohkost für den Hund auch ein guter Kompromiss für überzeugte Vegetarier sein, finden Sie nicht? Haben Sie schon mal einen Wolf ein Elchsteak braten sehen? Na also! Denn Ihr Hund ist zwar kein Vegetarier, aber ein Rohköstler!

Gesunder Darm – gesunder Hund

Haben Sie Ihren Hund erfolgreich auf die beschriebene Gesundnahrung umgestellt, werden Sie merken, dass er nicht nur eine störungsfreie Verdauung und ganz von allein ein glänzendes Fell bekommt, sondern sich auch manches Problem der Haut, der Harnwege oder der Gelenke von selbst erledigt. Und dass er ohne große Umstände sein Geschäft zur vorgesehenen Zeit des Spaziergangs verrichtet, wenn Sie sich auch an bestimmte Fütterungszeiten halten. Allerdings braucht der Hund als Jäger keine festen Fütterungszeiten, sie sind lediglich praktisch bei der Erziehung zur Stubenreinheit im Zusammenleben mit dem Menschen.

Durch Komponentenfutter werden eine verbesserte Aufmerksamkeit, bessere Erziehbarkeit, weniger Probleme mit Stubenreinheit (außer gelegentlich in der Umstellungsphase durch dünneren Stuhl) und mehr Ausgeglichenheit erzielt. Welpen fressen weniger Sachen kaputt, wenn sie regelmäßig ihre rohen Fleischknochen kriegen. Gegenstände bekauen, Kot- oder Erdefressen reduzieren sich wesentlich oder hören ganz auf. Selbst Hyperaktivität, erhöhte Aggression, sogar Epilepsie lassen sich auf diese Weise, wenn schon nicht heilen, so doch wesentlich in ihren Symptomen lindern. Rohfütterung ist nicht alles, aber ohne sie ist alles nichts! Hinzu kömmen frische Luft, Sonne, Bewegung und

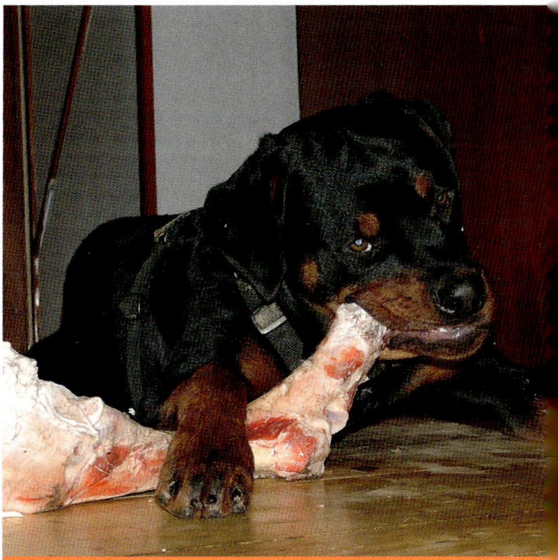

Welpen und Junghunde nagen weniger Dinge kaputt, wenn sie regelmäßig rohe Fleischknochen zu fressen bekommen.

Eine naturbelassene Ernährung, frische Luft, Bewegung und Sozialkontakte sind die Basis für ein gesundes Hundeleben.

Sozialkontakte. Fast alles andere kann man der inneren Weisheit des Organismus überlassen.

Die wesentlichen Schritte fasse ich hier noch einmal zusammen:

1. **Entgiftung,**
2. **Sanierung des Darmes,**
3. **Ernährungsumstellung wie beschrieben, ggf. mit Allergenvermeidung,**
4. **Auffüllung der Speicher mit natürlichen Vital- und Mikronährstoffen.**

Eine Leserin, Frau Pia G. schrieb mir: „Meine Hündin hatte vorher alles vom Boden geradezu aufgesaugt. Nach der Umstellung auf rohes Futter hat sie aufgehört zu suchen, außerdem ist sie unterwegs nicht mehr so wild auf Pferdeäpfel und Fallobst. Bei meinen Kunden, die Problemhunde vorstellen, bestehe ich inzwischen auf Rohfütterung, um diese Grundlage schon mal sicher zu stellen."

Eine andere Dame aus einem meiner Seminare erzählte: „Mein Yorkshire Terrier hatte chronische Hautekzeme, die auch viele Tierarztbesuche nicht kurieren konnten. Nachdem ich meinen Hund auf Rohfütterung umgestellt hatte, gingen die Hautprobleme von selber weg, worüber der Tierarzt sehr erstaunt war. Gleichzeitig wurden die Kniebeschwerden (habituelle Patellaluxation) des Hundes wesentlich besser. Meine früher mäkelige Hündin entwickelte seitdem Freude am Fressen und erscheint einfach fröhlicher."

Die Vorteile von Komponentenfütterung sind:

- Fütterung mit Herz und Hirn (doppelsinnig), jeder Art gerecht;
- unverfälschtere, gesundheitsfördernde Nahrung in natürlicher Zusammensetzung ohne künstliche Zusatzstoffe; reich an Enzymen, organisch gebundenen Mineralstoffen und Vitaminen sowie zahlreichen Bioaktivstoffen; mit natürlichem Wassergehalt, daher kein unnatürlicher Durst oder Flüssigkeitsmangel;
- Überdosierungen kaum möglich, höchstens per Einzelmahlzeit bei Getreide, Fett oder Knochen;
- keine Konservierungsstoffe, keine Ersatzstoffe, keine billigen Füllstoffe;
- keine Futterprägung durch künstliche Aromen;
- keine Eiweiß-Denaturierung durch Erhitzen (außer ggf. Getreide), kein Vitamin zerkocht, kein Mineral ausgewaschen, kein Antioxidans verbraucht;
- Abwechslung und natürliche Vielfalt;
- tägliche individuelle Anpassung aller Zutaten an Alter, körperliche Aktivität, Klima, Appetit, Erbanlagen, Futterverwertung, Verdauungsleistung, Stuhlkonsistenz, Krankheiten und vieles mehr;
- vorgefertigte Lebensabschnittskost ist überflüssig;
- schnelle Zuordnung der Ursachen bei Verdauungsstörungen, Unverträglichkeiten, Futterallergien;

Selbst zubereitetes Komponentenfutter schmeckt Hunden jeden Alters und jeder Rasse.

- vermindert chronische Krankheiten, Übergewicht, Mangelerscheinungen wie Kot- und Erdefressen, Zernagen von Gegenständen und Anschneiden von Wild bei Jagdhunden;
- Zahnstein verschwindet in wenigen Monaten;
- Erhaltung eines gesunden Gebisses;
- bei positiv ausgewiesenen Fleischallergikern verschwindet die Allergie, da der Organismus roh als natürlich ansieht;
- Fellprobleme verbessern sich;
- eigene sinnliche Qualitätskontrolle der Grundzutaten;
- weniger Verpackungsmaterial, das auch nicht ins Futter diffundiert;
- kürzere, regionale, deshalb umweltfreundlichere Vertriebswege;
- umweltfreundlich durch geringeren Kotabsatz, weil vollständigere Verdauung. In Deutschland werden täglich 2500 Tonnen Hundekot = unverdautes Futter in die Landschaft gesetzt!
- Und last but not least: gesunde glückliche Hunde, die uns mit ihrer Lebenslust anstecken!

Inzwischen gibt es zahlreiche Lieferservices für frisches Fleisch – auch in bereits zerkleinerter Form.

Eventuelle Nachteile stellen lediglich eine höhere Investition von Zeit für die Auswahl, Beschaffung, Zerkleinerung und Vermischung der Zutaten und zuweilen Geruchsbelästigung dar. Das sind mir meine Hunde allemal wert.

Wer sich vor Blut oder Fleisch mit Haut-Goût grault, sollte allerdings wissen, dass wir Blutwasser, Geflügelgerippe, Fleischreste, Schweineschwarten, alte Rinderhälften usw., die eigentlich von Schlachthöfen der geringeren Entsorgungskosten wegen als Hundefutter verkauft werden, so manches Mal nach illegaler Umetikettierung in Produkten für den Menschen wie Dönern,

Brühwürfeln, Gelatine oder Eiweißextrakten für Würzen und in Fertiggerichten wiederfinden. Wenn es also der Hund nicht frisst, kriegen wir es in die Wurst: Milz, Schwarten, Fett usw. Und sowieso befinden sich Häute, Felle, Federn von Schlachttieren schon längst in ihrem Fertigfutter, nämlich als hydrolysierte Proteine, lecker zubereitet mit Phosphorsäure und Natronlauge. Das nennt sich dann "wertvolles Hühnerprotein", obwohl bei der Säureaufspaltung die meisten wertvollen Aminosäuren zerstört werden.

Zitat aus dem „Stern Nr. 42/ 2005": „Mit der Hygiene nimmt man es beim Tierfutter sowieso nicht so genau. Doch nicht nur der Hygienestandard ist kritisch." Zwischen Lebens- und Futtermitteln bestehen oder sollten wichtige Unterschiede in Preis, Rohstoffauswahl und Verarbeitung bestehen. Futterstoffe sind allerdings für die Behörden schwer zu kontrollieren, da die Versorgungsketten unübersichtlich und die Verantwortlichkeiten oft nicht zuzuordnen sind. Der Bauer weiß nicht mehr, was er anbaut, der Zulieferer weiß nicht mehr, woher es kommt, der Hersteller weiß nicht mehr, wie und wo es gelagert und transportiert wurde, der Tierhalter weiß nicht mehr, was er kauft und der Hund weiß nicht mehr, was er frisst. Da weiß ich doch lieber, was ich gefüttert habe. Werden Sie Ihr eigener Futtermittelkontrolleur! Nicht einmal bei der gesetzlich verbrieften Sicherheit in Bezug auf Nahrungsmittel für Menschen spielen mentale und emotionale Gesundheit eine Rolle, wie wollen wir das dann für unsere Tiere erwarten? Statt täglichem Einheitsbrei trage ich dem natürlichen Bedürfnis meiner Tiere nach unterschiedlichem Geschmack und Inhaltsstoffen Rechnung. Hunde würden kein Fr.... kaufen! Hunde würden Hasen jagen! Warum, werden Sie fragen, fressen dann unsere Hunde, die in der Lage sind sogar feinste Stoff-

Hunde haben leider keine andere Wahl, als das zu fressen, was sie hingestellt bekommen.

wechselveränderungen bei Menschen mit Tumoren zu erschnüffeln, überhaupt Kommerzkost, wenn sie nicht zu ihrer Gesundheit beiträgt? Die Antwort ist, dass sie ja leider keine andere Wahl haben und das fressen müssen, was der Mensch für das Beste für sie hält oder ihnen aus Bequemlichkeit täglich hinstellt. Interessant ist in diesem Zusammenhang, dass nach einer neuesten Umfrage 75% der Halter keinen Hund haben würden, wenn es keine fertige Industriekost gäbe, und die Hälfte davon würde keinen zweiten oder weiteren Hund anschaffen.

Verhaltensauffälligkeiten sind häufig auf falsches Futter zurückzuführen.

Mehr als alle graue Theorie aber wird Sie, liebe Leserin, lieber Hundehalter, vielleicht ein Brief überzeugen, den ich von Frau Monika X., einer langjährigen Hundehalterin und -trainerin erhielt:

„Ich dachte, diesen schwierigen Hund hinzubekommen. Wie hatte ich mich getäuscht! Meine Haftpflichtversicherung kündigte mir nach dem vierten Schaden innerhalb eines halben Jahres. Diese Hündin gehorchte kein bisschen, hatte nach zwei Jahren noch keine richtige Bindung zu mir, sprang aus Fenstern, brach aus der sichersten Umzäunung aus, streunte, lief beinahe in Autos. Auf dem Hundeplatz konnte sie sich nicht konzentrieren, zeigte Stress. Lob und Strafe gingen irgendwie an ihr vorbei. Im Garten lief sie wie aufgedreht von einem Zaun zum anderen, hechelte immer. Und dann dieser hektisch flackernde Blick! Sie konnte keine Minute ruhig liegen bleiben, man musste sie ständig im Auge haben. Selbst ein Buch zu lesen war unmöglich. Band ich sie an, fing sie an zu jammern und zu jaulen. Nach dem Verschleiß einiger Hundetrainer und -zig Euros blieben nur noch Leinenzwang und Teletac*. Inzwischen

---

*Der animal learn Verlag weist ausdrücklich darauf hin, dass der Einsatz von Reizstromgeräten inzwischen – endlich! – verboten ist und bittet alle Hundehalter, unverzüglich Anzeige zu erstatten, wenn sie Kenntnis von dem Einsatz solcher Geräte erhalten.

war sie fast drei und ich mit meinem Latein am Ende. Ich wollte meinen Hund lieben, wie ich alle meine Hunde liebte, aber sie machte es mir oft unmöglich. Wenn ich mal mit ihr schmusen wollte, dann wand sie sich nach Sekunden aus meiner Umarmung. Ich wusste nicht mehr weiter!

Gesund ernährte Hunde sind ausgeglichen, aufmerksam, gelassen und fröhlich.

Ja, dann geschah ein Wunder! Ich kaufte mir Ihr Buch: „Hilfe, mein Hund ist unerziehbar!" Nach der Ernährungsumstellung hatte ich innerhalb einer Woche einen neuen Hund! Heute ist sie erziehbar, kann sich konzentrieren und hat sogar die Begleithundeprüfung mit Bravour abgelegt. Der Turnierhundesport macht ihr Spaß. Sie kann frei laufen, sogar im Wald. Im Garten liegt sie bis zu 20 Minuten neben mir und patroulliert dann ruhigen Schrittes mal am Zaun entlang. Sie kommt zu mir und fordert Streicheleinheiten.

Als ich abends noch Trockenfutter fütterte, hatten meine Hunde morgens einen großen Drang, kackten riesige gelbe Haufen bis zu drei Mal am Tag. Jetzt sind ihre Haufen winzig und nur einmal täglich. Ihr Buch hat mir die Augen geöffnet. Von mir und meinen Hunden ein tausendfaches Dankeschön!"

Und von mir ebenfalls für diesen anschaulichen Bericht. Natürlich ist der Einsatz eines Teletac-Geräts keine von mir empfohlene Erziehungsmethode! Der Bericht dieser Hundehalterin spiegelt lediglich sehr gut ihre Verzweiflung und Überforderung wider.

**Man sagt, der Tod sitzt im Darm.
Es gilt aber auch: gesunder Darm – gesundes Gehirn!**

Ich kann Ihnen versichern, dass ich selbst noch nie in meinem Leben so gesunde und fröhliche Hunde gehabt habe, wie in den letzten zehn Jahren, seit ich meine Komponentenfütterung durchführe. Übrigens gilt dasselbe für meine Pferde, auch sie bekommen individuell zusammengestelltes Komponentenfutter, aber natürlich in der Variation für Pflanzenfresser.

Die Verantwortung für die Gesundheit Ihres Vierbeiners haben Sie selbst in der Hand, nicht Ihr Tierarzt mit seinen Spritzen, nicht der Staat mit seinen Gesetzen, nicht die Industrie mit ihren Lügen, nicht die Konzerne mit ihren Fälschungen, nicht die Aufsichtsbehörden, die nur mit den von der Industrie vorgelegten Daten arbeiten, nicht die angeblich unabhängige Wissenschaft. Nicht „Forschung ist die beste Medizin", sondern „Vorbeugung ist die beste Medizin"!

Legen Sie den Grundstein für die Gesundheit Ihres Hundes durch biologische, artgerechte, rohe Fütterung!

Anhang

Die häufigsten Fragen von Hundehaltern

1. Frage: Sind die Vorteile Ihres empfohlenen Komponentenfutters wissenschaftlich bewiesen?

Antwort: Zunächst einmal möchte ich hierzu sagen, dass wissenschaftliches Wissen keine allumfassende Wahrheit beinhaltet. Die Überzeugungen von heute sind die Irrtümer von morgen. Hinzu kommt, dass heutzutage nicht einmal mehr 5% der Wissenschaftler ihr Wissen unabhängig von Konzernen erarbeiten.

Ich brauche auch keinen wissenschaftlichen Beweis, wenn ich seit mehr als zehn Jahren die Gesundheit und das Verhalten meiner Hunde mit aufmerksamen Sinnen beobachten kann. Es gibt viele Krankheiten, aber nur eine Gesundheit. Die Frage geht vom Trugbild einer unbestechlichen Forschung aus, aber wer sollte denn die entsprechenden wissenschaftlichen Versuche bezahlen? Die Fleischerinnung müsste Rohfutterversuche an Hunden finanzieren. Das tut sie aber nicht, weil sich mit Frischfleisch und noch weniger mit Schlachtabfällen, viel weniger Geld verdienen lässt als mit (gestreckter) Fertignahrung.

Die gesundheitsfördernde Wirkung von Pflanzen ist schon seit tausenden von Jahren bekannt.

Außerdem: Das Wissen um die Anwendung und Heilung mit Pflanzen ist wesentlich älter als unsere gesamte wissenschaftliche Forschung, nämlich mindestens 30.000 Jahre, zum Bespiel bei den Indianern. Es handelt sich hierbei um genaue Beobachtung und Erfahrung, die in der Verwendung von rohen Wildpflanzen gesammelt wurde, nicht um Experimente im Labor. Im übrigen bestätigt die moderne Forschung die altbewährten Indikationen fast immer, diese können allerdings nicht ohne Weiteres vom Menschen auf den Hund übertragen werden. Und die Spanne zwischen therapeutischer und toxischer Dosis bei Pflanzen ist im allgemeinen viel größer als bei pharmazeutischen Präparaten.

2. Frage: Gibt es gesicherte wissenschaftliche Erkenntnisse über die Zusammenhänge zwischen Fütterung und Verhalten?

Antwort: Ja, die gibt es, aber die sind nicht sehr populär, einige Versuche hierzu sind ja auch im Buch beschrieben. Es gibt diese Erkenntnisse übrigens sogar in Bezug auf den Menschen, aber auch diese findet man höchstens in der Alternativ-Literatur. Schauen Sie mal in die E-Nummern-Liste der Verbraucherzentrale, wie viel Lebensmittelzusätze dort allein beim Menschen Allergien, Depressionen, Hyperaktivität, sogar Schizophrenie usw. auslösen können. Da aber die so genannte Wissenschaft eher mit Lebensmittelkonzernen zusammenarbeitet, wo viel zu verdienen ist, als mit Naturfreaks, die nur was beweisen wollen, was sie sowieso schon lange wissen, wäre es fatal, wenn die Zusammenhänge von Fast-Food und Fertiggerichten mit hyperaktiven, lernschwierigen und verhaltensgestörten Kindern allzu publik gemacht würden. Dann wäre ja auch noch das Geschäft mit den Psychopillen verdorben. Und um die mentale Gesundheit unserer Hunde macht man sich noch viel weniger Gedanken.

Die Zusammenhänge zwischen der Ernährung mit Fast Food und Verhaltensauffälligkeiten sind erwiesen.

Hunde, die ganz wild auf Brötchen sind, sollten langsam auf fleischreiche Kost umgestellt werden.

3. Frage: Mein Hund ist wild auf Brötchen und zieht die allem anderen vor. Das widerspräche doch Ihrer Fleischfressertheorie, oder?

Antwort:
Nein, das ist kein Widerspruch, denn die Darmflora Ihres Hundes, wenn er wie 85% aller Hunde mit Trockenfutter ernährt wird, ist auf leichtverdaulich gemachte Kohlehydrate eingestellt. Diese begünstigen bestimmte Bakterien und Hefen im Darm, die suchtmachende, opiumartige Toxine herstellen. Diese und der durch Kohlehydrate erst hohe, dann besonders niedrige reaktive Blutzuckerspiegel lösen Hunger aus und die Suche nach immer mehr Nahrung für eben diese Darmmikroben. Ich empfehle Umstellung auf Komponentenfutter mit langsamer und stetiger Verringerung des des Getreideanteils. Sie sollten auch kein zuckerhaltiges Obst, Hundekuchen, Leckerchen oder Süßes geben, um die Hefen auszuhungern. Leider sind das genau die Stoffe, nach denen diese Tiere suchtmäßig verlangen und sehr oft liegt genau für diese Nahrungsmittel eine Allergie vor. Eine Beimpfungskur mit Biojoghurt oder Lactobazillus wäre zu empfehlen (vergleiche auch Solutionfinder).

4. Frage: Wie könnte ich ein sehr gutes Fertigfutter sinnvoll aufwerten? Durch Zugabe von Enzymen, Vitaminen oder was sonst?

Antwort: Erstens: Was ist ein sehr gutes Fertigfutter? Ist das so was wie eine sehr gute Ersatzmutter? Zweitens: Allen Fertigfuttern ist gemeinsam, dass sie hocherhitzt, eiweißdenaturiert, enzymtot und steril, das heißt ohne Lebendiges sind, egal was drin ist. Auf die Gefahr von

Überversorgung mit Kunstvitaminen und Mineralstoffen wurde im Text hingewiesen. Das komplexe Zusammenspiel naturbelassener Stoffe ist nicht im Labor zu ersetzen. Aus minderwertigem Abfall lässt sich nun mal kein gutes Futter machen!

5. Frage: Warum kann eine Ihrer Meinung nach defizitäre vegetarische Kost trotzdem zuweilen Allergien zum Verschwinden bringen?

Antwort: Wenn ein Hund jahrelang gewöhnliches Fertigfutter bekommen hat, dann ist er häufig auf einen der Inhaltsstoffe allergisch. Fertigfutter haben oft trotz verschiedener Marken und Benennungen sehr ähnliche Zusammensetzungen. Jede Ernährungsumstellung bewirkt dann zuweilen eine Vermeidung der Auslöser und eine Art Reiztherapie. Außerdem bekommen vegetarisch ernährte Hunde oft mehr Frischkost, in der mehr Enzyme und gegebenenfalls andere Stoffe sind, an denen zuvor Mangel herrschte. Auf Dauer kann sich aber wieder eine neue Allergie einschleichen wie im Kapitel über vegetarische Kost dargelegt. Auch ist nicht jedes „Anders" immer besser: Da werden Olivenblätter oder sogar Kiefernrinde ins Hundefutter gemischt und der Verbraucher meint auch noch, es sei etwas besonders Wertvolles. In Wirklichkeit würde ein Hund so was nie anrühren.

6. Frage: Was geben Sie als Leckerchen?

Getrocknete Fleischbrocken sind natürliche, gesunde Belohnungshappen.

Antwort: Ich persönlich habe nur höchst selten Verwendung für solche Extra-Würste, ich belohne meine Hunde durch Zuwendung, Streicheleinheiten, Spiel oder Freilauf und mag diesen futterfixierten Gehorsam mit der Nase an meiner Jackentasche nicht. Bis zu 30% der täglichen Kalorien werden beim Hund über Leckerlis zugeführt, mit steigender Tendenz, weil diese mit angeblichem gesundheitlichem Nutzen umworben werden und den Hundehalter zu Spontankäufen verleiten. Besonders in diesen Ergänzungen werden oft die minderwertigsten Zutaten verwendet, von Zucker, Salz, Melasse bis zu – ja, Sie lesen richtig – Glycerin.

Wenn Sie aber unbedingt derartige Belohnungen geben möchten, nehmen Sie zum Beispiel getrocknete Hühnermägen, Dörrfleischstückchen oder Lammwürfel. Es gibt vielfältige Trockenfleischstücke, handlich und maulgerecht zerkleinert, im Versandhandel und in Zoofachgeschäften, inzwischen sogar zum Teil schon in Supermärkten. Sogar ausgefallene Leckerbissen wie Hirsch, Strauß, Kaninchen, Elch, Gnu und Springbock, die auch Allergiker fressen dürfen, sind zu haben.

7. Frage:
Führt die Fütterung von Frischfleisch zum Wildern meines Hundes?

Antwort: Nein, das ist definitiv nicht so, schon allein deshalb nicht, weil die Hunde ausgeglichener sind. Selbst Jäger empfehlen die Fütterung von Frischfleisch, Meutehunde werden mit Pansen belohnt usw. Das Wildern ist eher eine Frage der Rasse, des Appells und des Nicht-ausgelastet-seins.

8. Frage: Leider kommt man meist nur an gebrühten Pansen, statt an grünen. Wie löse ich dieses Problem?

Antwort: Pansen ist eines der besten Futtermittel für Hunde! Manchmal ist es nicht leicht, insbesondere den grünen zu bekommen, während der weiße häufiger angeboten wird. Frische Kräuterzugaben können einen Teil des Wertes des Panseninhaltes jedoch ersetzen, andere Komponenten ersetzen dann das Rohfleisch.

9. Frage: Ich habe gehört, man soll Hunden keinen Knoblauch geben, weil dieser blutverdünnende Eigenschaften hat. Warum empfehlen Sie ihn?

Knoblauch wirkt abwehrsteigernd und entzündungshemmend, antiallergisch und schleimlösend.

Antwort: Es ist richtig, dass nicht alle Pflanzen per se gut und harmlos sind und wie schon erwähnt: Die Dosis macht das Gift. Soll heißen, dass man nicht nur Knoblauch, sondern auch keine andere Komponente in exzessiver Menge und/ oder über einen längeren Zeitraum geben sollte. Optimal ist die Rotation aller Komponenten, was bedeutet, dasselbe höchstens drei Tage hintereinander, dann wechseln. Bei Beschwerden als Therapie nie länger als drei, höchstens vier Wochen, dann eine ebenso lange Pause. Knoblauch wirkt abwehrsteigernd, entzündungshemmend, antiallergisch und schleimlösend. Er erhöht die Killerzellen, verstärkt den Abbau alter Blutkörperchen (wirkt also blutreinigend) und ist reich an Vitaminen und Mineralien.

10. Frage: Was und wie klein muss es geschnitten werden, wenn schon nichts gekocht wird?

Antwort: Kühlen, trocknen, mechanische Zerkleinerung sowie natürliche fermentative Aufschließung sind die einzigen Bearbeitungen, die Futter naturbelassen erhalten. Grünzeug und Obst sollten grundsätzlich frisch und fein gemust verabreicht werden. Nur bei Komponentenmahlzeiten sollte das Fleisch so geschnitten werden, dass es sich gut mit dem Grünzeug und ggf den Zerealien mischt. Wie stark Ihr Hund aussortiert, hängt davon ab, wie wählerisch er ist und davon hängt dann letztendlich auch die Schnittgröße ab. Bei Fleischknochenfütterung oder Verfütterung von Pansen, ganzen Organen oder Beutetieren beispielsweise können Sie eine Tagesportion am Stück belassen. Die restliche Zerkleinerung sollte ein gesunder Hund selbst besorgen, ganz gleich, wie groß er ist.

11. Frage: Meine Hündin hat eine Pankreasinsuffizienz und haut auf Spaziergängen auch gerne mal ab. Kann da ein Zusammenhang bestehen?

Antwort: Oh ja! Tatsächlich kann es sein, dass sie zum Beispiel zum „Pferdeapfel-Dinner“ ausrückt, weil ihr aktive Enzyme fehlen!

Pferdeäpfel enthalten aktive Enzyme, die die Funktion der Bauchspeicheldrüse unterstützen.

12. Frage: Meine 13 Wochen alte Hündin frisst immer ihren Kot, so schnell kann ich den gar nicht wegräumen. Was kann ich tun, damit sie das unterlässt?

Antwort: Ihrer Hündin fehlen höchstwahrscheinlich die natürlichen Enzyme, da Fertigfutter nun mal keine hat. Wahrscheinlich hat sie auch eine gestörte bzw. noch nicht richtig aufgebaute Darmflora, in selteneren Fällen auch einen Vitaminmangel (B1, B12, K). Geben Sie ihr enzymreiche Frischkost und morgens auf nüchternen Magen ein Schälchen Biojoghurt. Außerdem empfiehlt sich eine Umstellung gemäß Solutionfinder.

13. Frage: Mein Hund frisst liebend gerne Nüsse und knackt sie. Sollte man ihn lassen?

Antwort: Ihr Hund ist noch instinktsicher genug, bei fettarmer Fütterung die wertvollen Fette zu finden. Aber es ist eher ein Notverhalten. Geben Sie lieber mehr und verschiedene weiche tierische Fette im Futter, dann braucht er keine Nüsse mehr, die seine Zähne schädigen und durch scharfe Splitter die Schleimhaut verletzen können.

Nussschalen können Zähne und Zahnfleisch schädigen.

14. Frage: Was tun Sie gegen eventuelle Belästigung durch Fliegen bei der Futterzubereitung?

Antwort: Ich persönlich habe einen extra Kühlschrank in einer Futterküche für meine Tiere. Dieser befindet sich im Außenbereich, der mit Fliegengitter abgeschirmt ist. Man kann so einen Bereich auch im Keller, in der Garage, auf der Terrasse, in der Scheune oder in einer Futterkammer einrichten. Der Ort sollte kühl und gut belüftet sein, eine robuste, leicht zu reinigende Arbeitsfläche und Wasserzugang haben. Ich kenne auch Leute, die ihre Frischfleischvorräte in ausrangierten Waschmaschinentrommeln im Garten vergraben und von oben mit Deckel verschließen. Das entspricht der Hunde-Konservierungs-Methode.

Komponenten

(alle paar Tage abwechseln)

Kohlehydrate:

Reis, gekocht, gepoppt
Weizenkleie, überbrüht,
Weizenkeime
Maisgries, überbrüht oder gekocht (Polenta)
Haferflocken, gekocht oder überbrüht
Hirsebrei
Vollkorngetreide, fein gemahlen, über Nacht eingeweicht

Fette:

Fleischanhangsfette
Nierenfett, Gekrösefett
Fischöl, Lachsöl
Lebertran
Futteröle, Omegaöle
Hühnerfett, Geflügelfett
Naturspeck, Schwarte
Schmalz
Pflanzenöle, Schwarzkümmelöl, Hanföl

Proteine:

(alle Tiere, Wild, Geflügel usw., Tierart und Organteile abwechseln)

ganze Tiere (Huhn, Küken, Hase, Foeten usw.)
Karkassen von Geflügel, Kaninchen usw.
Muskelfleisch
Lunge
Milz
Herz
Leber
Nieren
Mägen, alle Arten
Fisch, Trockenfisch

Vitamine:

(roh, fein zermahlen)

Gemüse, rotes, grünes
Fruchtfleisch
Kräuter, frisch, evtl. auch getrocknet oder als Spezialmischung

Mineralien:

Knochen, roh, alle Tiere
Fleischknochen, roh, alle Tiere
Blut, Auftauwasser vom Fleisch
Blutwurst
Eierschalen, roh, fein gemahlen
Fischgräten, -köpfe, fein gemahlen
Algen

Spurenelemente:

Heilerde
Algen
Bierhefe

Ballaststoffe:

Sehnen
Faszien
Fell, Haut
Horn, Klauen
alles Getreide
alle Gemüse-, Obst-, Kräuteranteile

Ultraspurenelemente:

seltene Elemente wie Lithium, Vanadium, Germanium usw.
Algen
Anmerkung der Autorin: Ich kenne sonst nur das „Ultra-Spur"-Pulver von Masterdog, die Ultraspurenelemente sind noch wenig erforscht.

Sekundäre Inhaltsstoffe:

Befinden sich in allen rohen, naturbelassenen Komponenten.

Enzyme:

Leber
frische Bauchspeicheldrüse
frische Därme mit Anhangsdrüsen
frischer Labmagen
grüner Pansen
grüner Blättermagen

Euter
frische Mägen und Innereien, Schweinemagen ungesäubert, ohne Inhalt
ganze, frische Fische
Sauermilchprodukte, Rohmilch
Kanne Fermentpulver für Hunde
Papaya, alle Pflanzenteile, roh, fein zerkleinert
Algen, gequollen, zerkleinert
Zum Teil Kräutermischungen
im Notfall spezielle Präparate

Bakterien:

Biojoghurt
Dickmilch aus Rohmilch
Ausscheidungen und Darminhalte gesunder Pflanzenfresser (Vorsicht vor Faeces bei Tieren, die mit Ivermectin entwurmt wurden!)
im Notfall spezielle Präparate

Wasser:

Quellwasser
frisches Regenwasser aus ländlichen Gebieten
sauberes Brunnenwasser
sauberes Bachwasser
sauberes Wasser aus Talsperren

Ungeeignete Komponenten:

Meerrettich
Pilze
saures Obst, Steinobst, saure Beeren
Zitrusfrüchte
Rettichwurzeln
Radieschenwurzeln
Zwiebeln
Lauch
Sauerkraut (außer therapeutisch bei spitzen Fremdkörpern)
Bohnen und andere Hülsenfrüchte
rohes Getreide
Chili (außer therapeutisch)
scharfe und andere Gewürze
Kochsalz, Brühwürfel
Kohlensäure
Alkohol

Wirkungsweise einiger natürlicher, für Hunde geeigneter Komponenten

Alfalfa=Luzerne: (gemahlenes Trockengrün, frisches Kraut, Blätter, Sprossen, keine Samen) eiweißreich, Ca-reich, grün + reich an Chlorophyll. Mg, K, Zn, Fe, Carotinoide, Vit. B, E + K, 8 Aminosäuren, enzymreich, leicht abführend und diuretisch, antimykotisch, alkalisierend, entgiftend, besonders die Harnwege und die Leber, appetitstimulierend, empfehlenswert bei Diabetes, Arthritis, Nierensteinen, schlechtem Haarkleid, Haarausfall.

Alfalfa

Algen: (roh, getrocknet, Pulver, Saft von Makro- oder Mikroalgen, Grün-, Rot-, Blau- oder Braunalgen aus dem Meer oder Süßwasser) sehr ergiebig. Am preiswertesten sind Makroalgen aus Asienläden, die man mit der Küchenschere klein schneidet, im Mörser pulverisiert oder mit der Hand zerkrümelt. Etwas quellen lassen. Dosierung: Bei Pulver maximal 2 EL in eine Mahlzeit für einen großen Hund und das max. zwei Mal die Woche.

Größter Vitalstoffgehalt von allen Pflanzen, enthält mehr Vitamine (besonders B + A), Mineralien (besonders Ca, Fe + Mg), Spurenelemente (besonders Jod), Aminosäuren, ungesättigte Fettsäuren und Enzyme als jedes Landgemüse, jedes andere natürliche und insbesondere jedes synthetische Multipräparat. Immunstärkend, verdauungsfördernd, antitumorös, bindet Fettstoffe und Schwermetalle, entgiftend, darmreinigend, chlorophyllreich, basenbildend, durch Schleimstoffe leicht abführend, schützt die Darmschleimhaut, antibakteriell, antiviral, antimykotisch, antiallergisch, entzündungshemmend, leberschützend. Gut für Haarkleid, Krallen und Nerven, Beschleunigung der Wundheilung, einsetzbar bei Unterfunktion der Schilddrüse.

Apfel: (Fallobst, Schale, Fruchtfleisch, Kerngehäuse, letzteres enthält am meisten Vitamin C) kaliumreich, verdauungsmodulierend bei Durchfall, gegen Erde fressen.

Avocado: (Fruchtfleisch), B-Vitamine und essentielle Fettsäuren für Fell, Haut, Krallen, Nerven, Lernen, energiereich, Zn, Cu.

Avocado

Bier- oder Brauereihefe: (flüssig, Pulver, Flocken) Vitamin-B-Komplex-und aminosäurehaltig, gegen Stress, für gute Nerven, Unterstützung der Leber und Darmflora, krebshemmend, enzymreich, schmerzlindernd, gegen struppiges Haarkleid und Haarausfall, Juckreiz, alkalisierend durch Kaliumreichtum, reich an Mineralien und Spurenelementen (Fe, Zn, Cu, Mg) appetitsteigernd, verbessert die Verdauung von Rohfaser und Rohproteinen, soll in hoher Dosis vor Mücken, Flöhen und Zecken schützen. Möglichst nicht zusammen mit Kohlehydraten geben, da dies Blähungen sowie Haut- und Darmpilz begünstigen kann.

Brennnessel: (Wurzel, junge Blätter vor der Blüte) entgiftend, blutreinigend, blutbildend=antianämisch, harntreibend, vitaminreich, mineralreich (Ca, Fe, K, Si), reich an Magnesium durch viel Chlorophyll, enzymreich, antiphlogistisch, verdauungsfördernd, antirheumatisch, gegen Blähungen, für Milchbildung, bei Ernährungsfehlern, unterstützend beim Abnehmen.

Brombeerblätter: Vit. C, Pektin, Gerb- und Schleimstoffe, entzündungshemmend, schleimhautstärkend, harntreibend, verdauungsregulierend.

Calendula=Ringelblume: (Blüten, Kraut, Tee, Salbe) entzündungshemmend, enthält Bitterstoffe, vitaminähnliche Sekundärstoffe, ist galleanregend, wirkt äußerlich wundheilend.

Calendula

Fenchel: (Samen, Blätter, Knolle, Tee) ballaststoffreich, gegen Blähungen, krampflösend, darmberuhigend, schleimlösend, entzündungshemmend, regt die Milchbildung und Magensäureproduktion an, besonders für ältere und junge Tiere geeignet, hilft bei Atemwegserkrankungen, hilft durch Anregung des Gallenflusses bei der Fettverdauung.

Fenchelsamen

Heilerde: (= fein zermahlene, gesiebte Lößerde) Auricher Moor (Fa. Schecker), Sanofor (Fa. Grau), Grüne Mineralerde (Alsa), bindet und neutralisiert Gifte, Bakterien, Allergene, Säuren, übermäßige Flüssigkeiten und (giftige) Futterinhaltsstoffe im Darm, deshalb pur geben; mineralstoffreich (Se), kaolinhaltig, stuhlnormalisierend, schleimhautschützend, basisch, bei Haut- und Verdauungsproblemen, Durchfall, Rheuma.

Joghurt: (nicht höher als 40°C erhitzt, ohne Verdickungsmittel und andere Zusätze) oder Dickmilch aus Rohmilch, ist probiotisch = mit lebenden Milchsäurebakterien für die Beimpfung und Erhaltung der Darmflora. Milchsäure ernährt Darmbakterien. Enzymatisch gesäuertes Gärungsprodukt, immunstärkend, Ca-reich, antimykotisch, antitumorös.

Katzenkralle=Krallendorn=Uncaria tomentosa: (ganze Pflanze (Liane) samt Wurzel und Rinde als Tee oder Kapseln) entzündungshemmend, antitumorös, antiviral, antimykotisch, verdauungsfördernd, diuretisch, blutreinigend, antiallergisch, immunmodulierend durch Verbesserung der Phagozytose, bei Durchfall und Magen-Darm-Krankheiten, Arthritis, Diabetes, antipyretisch, die Gebärmutter stimulierend.

Katzenkralle

Knoblauch: (roh zerquetscht, kein Pulver, kein Granulat, kein Präparat) antibiotisch, antimykotisch, antiviral, antibakteriell, antiparasitär (gegen Flöhe 2x pro Woche 1 Zehe pro 5 kg Körpergewicht), dabei nicht resistenzbildend und Darmflora schädigend, sondern nebenwirkungsfrei stabilisierend. 1 mg Allicin entspricht 10 Microgramm Penicillin. Vit. A, B, C, E, enzymreich, appetitanregend, antitumorös, abwehrsteigernd, entzündungshemmend, antiallergisch, erhöht Killerzellen, verstärkt den Abbau alter Blutkörperchen=blutreinigend, fördert Gallefluß zur Fettverdauung, diuretisch, auswurffördernd, schleimlösend, vitamin- und mineralreich, Sulfide regen das Entgiftungssystem des Organismus an.

Knoblauch

Kresse: (Garten-, Brunnen-, Kapuzinerkresse) Blüten, grüne Früchte, Blätter (10–20 g/ Tag) antibiotisch, antimykotisch, antiviral, abwehrsteigernd, harndesinfizierend, entgiftend, Ca-reich, verdauungsfördernd, Magensaft stimulierend, gegen Ekzeme und Ateminfekte.

Kapuzinerkresse

Kohl: (alle Sorten, auch zum Beispiel Radieschen- oder Kohlrabiblätter) antitumorös, entgiftend, ballaststoffreich.

Leinsamen: (frisch geschrotet und überbrüht oder gekocht bis Schleim entsteht. Öl tee- bis esslöffelweise) reich an Vitamin E und ungesättigten Fettsäuren für glänzendes Fell und gute Nerven, schleimbildend für Schleimhautschutz, leicht abführend, ballaststoffreich, antitumorös, leichte Östrogenwirkung, entzündungshemmend im Verdauungsapparat.

Liebstöckel=Maggikraut: appetitfördernd, verdauungsanregend, harntreibend, chlorophyllhaltig.

Löwenzahn: (junge Blätter ohne Zähne, Wurzeln, Tee) stimuliert Appetit durch Galle- und Harnfluss besonders bei fetthaltiger Nahrung, entgiftend, verdauungsfördernd, basisch, enzymreich, harntreibend, antirheumatisch, vitaminreich, mineralreich (Ca, Fe, Zn). Bei ernährungsbedingten Ekzemen. Vorsicht vor zu viel Milchsaft!

Löwenzahn

Möhren: (ungeschält oder Schalen, auch Kraut) verschiedene Vitamin A Vorstufen, Vitamine C + E, immunstärkend, antitumorös, stopfend, ballaststoffreich, mit fettreichen Komponenten zusammen geben, soll in großen Dosen vermizid wirken.

Nachtkerze: (Öl tee- bis esslöffelweise, Samen, Wurzel, Frühjahres-Blätter des ersten Jahres, Blüten) reich an ungesättigten Fettsäuren, für Nerven und Ausgeglichenheit, gegen talgiges, stumpfes Fell und Hyperaktivität.

Nachtkerze

Papaya: (Fruchtfleisch, Schale, schwarze Kerne, Blätter, Milchsaft, Blüten, Wurzel, Fruchtsaft, notfalls auch als Tee von getrockneten Blättern und Kernen oder Enzympräparat) reich an Enzymen, Vitamine A, B, E, C, hoher Vitalstoffgehalt, reich an K und Mg, verdauungsfördernd, besonders bei schwerverdaulichem Fleisch, entgiftend, Kerne antiparasitär (Bandwürmer, Spulwürmer, Amöben), antitumorös, antibiotisch, immunstärkend, virustatisch, antiphlogistisch, schmerzlindernd, löst Blutgerinnsel, äußerlich wundheilend, wundreinigend, antimykotisch, bei Verbrennungen und Hautkrankheiten.

Petersilie: (Wurzel, Blätter, Samen, Tee) appetitanregend, verdauungsausgleichend, entwässernd, geruchsbindend besonders gegen Maulgeruch, antitumorös, antiviral, harntreibend, Vitamin C-haltig, mineralhaltig, leicht östrogen.

Wurzelpetersilie

Salbei: (Blätter vor Blüte, Tee, Öl, Tinktur) appetitfördernd durch Bitterstoffe, antiphlogistisch, virustatisch, antimykös, fiebersenkend, leicht antibiotisch, Fe, Zn, harntreibend, leicht östrogenhaltig deshalb gegen Milchfluss, verdauungsausgleichend, äußerlich für Schleimhautwunden. Innerlich nicht überdosieren! Nicht bei Trächtigkeit und Epilepsie!

Schwarzkümmel: (Samen gemahlen, Öl teelöffelweise) 100 verschiedene Wirkstoffe, stabilisieren Zellmembranen, aktivieren Enzyme, reich an ungesättigten Fettsäuren, scharfe ätherische Öle, darmberuhigend, immunregulierend, verstärkt T-Abwehrzellen, antitumorös, hilft bei Atemwegserkrankungen, Ekzemen und Wunden, stumpfem, schuppigem Fell, Nervosität, Hyperaktivität, Allergien, Pilzerkrankungen. Besonders empfehlenswert in der Säugezeit.

Zitronenmelisse: (Blätter vor der Blüte) beruhigend, antibakteriell, antiviral, entkrampfend, galletreibend, verdauungsausgleichend.

Zitronenmelisse

Zusammenstellung der Komponenten nach therapeutischer Wirkung

(immer alles roh, außer wenn extra anders angegeben)

Stopfende Komponenten:

- gesalzener Reisschleim, Brühreis
- Knochen
- Bananen

Bananen

- Möhren
- Äpfel
- gekochte oder gebratene Leber
- Quark
- Brombeerblätter
- Kamille
- Fenchel
- Heilerde
- Knochenmehl
- Abführende Komponenten meiden, siehe rechts
- Viel Flüssigkeit, z.B. leicht gesalzene Brühe (keine Würfel!)
- evtl. Kohlepulver verabreichen

Abführende Komponenten:

- Leber
- Milz
- Hirn
- Milch
- Biojoghurt
- Sauermilch
- Dickmilch
- alle Fette und Öle, (Paraffinöl nur therapeutisch)
- überbrühter oder gekochter Leinsamenschrot
- überbrühte Weizenkleie

Weizenkleie

- Algen, gequollen
- stopfende Komponenten meiden
- Ballaststoffe erhöhen
- viel Flüssigkeit
- viel Bewegung

Komponenten zum Zunehmen:

- überbrühte Haferflocken, Haferschleim
- fettes Fleisch
- Pansen, grün, Blättermagen grün

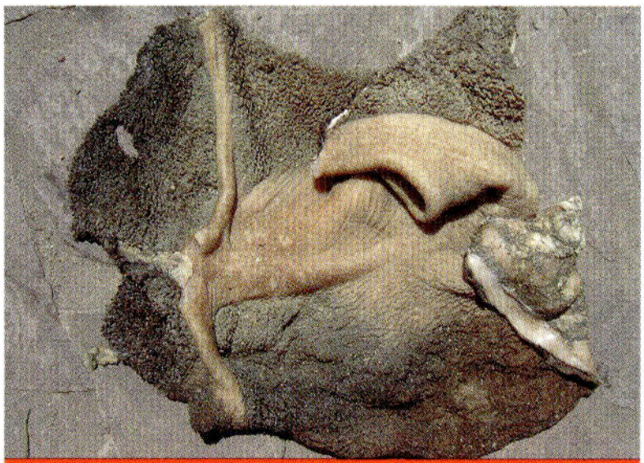

Pansen

- erhöhter Kohlehydrat- und Fettgehalt
- Bierhefe
- Pansenmehl
- mehrmals täglich füttern
- Fisch
- Fischöl

Komponenten zum Abnehmen:

- Gemüseanteil erhöhen
- Ballaststoffe erhöhen
- Getreidekomponente weglassen oder nur wenig überbrühte Weizenkleie
- wenig Weich-Fett
- Milz
- Lunge
- mageres Muskelfleisch
- Brennnessel

mageres Fleisch

Kalziumreiche Komponenten:
(bei Welpen, im Wachstum, während des Säugens, bei Rachitis und Knochenbruch)

- Fenchel
- Spinat
- Broccoli
- Kresse
- Petersilie
- Algen, Seetang
- (evtl. gesiebtes) Alfalfamehl
- Knorpel
- Knochen
- Fleischknochen
- Knochenmehl, Fleischknochenmehl
- gemahlene rohe Eierschalen
- rohe gemahlene Fischabfälle
- Biojoghurt
- Dickmilch

Ausgleichende, regulierende, modulierende Verdauungshilfen:

- Haferschleim
- Heilerde
- Papaya
- Knoblauch
- Minze
- Algen
- Kamillenblüten (keine Beutel)
- Fenchel (keine Beutel)
- Salbei
- Biojoghurt, zimmerwarm (auf nüchternen Magen)
- frischer grüner Panseninhalt
- grüner Blättermagen
- frischer Labmagen
- Kanne Fermentpulver für Hunde (= fermentativ gesäuertes Vollgetreide)
- Leinsamenschrot überbrüht oder gekocht
- Bierhefe
- Löwenzahn
- Apfel
- biologische Darmbakterienpräparate
- Enzympräparate (Nur in schweren Fällen nach Absprache mit einem Tierarzt!)

Antiparasitäre Komponenten:
(es gibt noch viel mehr, meist weniger bekannte exotische Pflanzen)

- Schwarze Papayasamen, am besten frisch, pro Tag 25–75 g je nach Größe des Hundes
- Knoblauch
- Peperoni
- Homöopathie kann unterstützend wirken

Pflanzliche Breitbandantibiotika ohne Resistenzen
(einmalige, größere Dosis geben):
- Knoblauch
- Garten-, Brunnen- und Kapuzinerkresse
- Süßkraut Stevia

Nur sehr mild antiparasitär wirken folgende Komponenten, die sich aber gut für die Anschlussnahrung nach pflanzlicher Entwurmung eignen:

- Möhren (wenn sie allein vermizid wirken sollten, müsste man einem Hund mindestens zwei Tage lang nichts anderes als fein geraspelte Möhren geben oder täglich 1 Liter Saft)
- frische Feigen

- Kokosflocken
- Kürbiskerne
- Ingwer
- Wermut, Salbei, Thymian, Minze, Raute
- bestimmte Kräuter wie Wurmfarn, Bitterlupine, Salweide. Vorsicht: keine zu hohe Dosis!

Stuhlkontrolle

(Menge, Konsistenz, Farbe, Geruch)

Es lohnt sich, den abgesetzten Kot des Hundes genauer zu betrachten, denn Menge, Konsistenz, Farbe und Geruch geben Auskunft über den Gesundheitszustand des Tieres und die Qualität des Futters. Im Folgenden finden Sie eine stichwortartige Sammlung verschiedener Punkte, die es zu beachten gilt.

Ist der Kot...

... geformt, glänzend, dunkelbraun: Normaler gesunder Kot bei Komponentenfutter, Absatz ca. 1 – 2 x täglich. Das Ausgeschiedene sollte etwa ein Drittel des Aufgenommenen ausmachen.

... geformt, leicht bröselig, trocken-matte Oberfläche: Verursachen die meisten Trockenfutter, die Kotmenge macht fast die Menge des Gefressenen aus.

... geformt, dunkelbraun, maggiartiger Geruch: Durch Eiweißextrakte im Dosenfutter, erkennbar am penetranten Kotgeruch.

... hellgrau bis weiß, bröselig oder in harten, zementartigen Brocken mit Anstrengung abgesetzt: Verstopfung durch zu viele oder besonders durch erhitzte Knochen oder zu viel Knochenmehl. Ist der Absatz nur alle paar Tage bis gar nicht mehr möglich, ist ein Darmeinlauf durch den Tierarzt nötig.

... gelb, dünn, säuerlich riechend, ggf. blasig, gärig, Absatz meist vier bis sechs mal täglich: Übersäuerung durch zu viel Getreide und/oder Milch, Fehlgärungen im Darm durch mangelnde Verdaulichkeit.

... dunkelbraun, dünn (z.B. bei Fütterung von roher Milz oder Leber ohne andere abführende Komponenten): Umstellung auf Rohfleisch oder ggf. neues Fertigfutter geben.

... dünn, aashaft riechend: Angegangenes Fleisch, Milchallergie oder andere Futterallergie. Eventuell Beginn einer Viruserkrankung, je schlimmer der Geruch, desto schlimmer die Darmerkrankung.

... dünn, schleimig, hell, faulig riechend: Unvollständige Fettverdauung, deshalb bitte Bauchspeicheldrüse, Blutzucker und Nebenniere untersuchen.

... mit viel Schleimabgang versehen: Kleine oder ein größerer Fremdkörper, oft nur einmalig. Beobachten! Im Zweifelsfall den Tierarzt aufsuchen.

... mit hellrotem Blut, kleinere Stellen: Kann durch kleine Darmschleimhautrisse durch große Trockenfutterportionen, verletzende kleine oder größere Fremdkörper oder Würmer entstehen. Beobachten! Im Zweifelsfall den Tierarzt aufsuchen.

... versetzt mit nudelförmigen oder reisähnlichen weiß-gelblichen Gebilden: Wahrscheinlich Verwurmung, Kot einsammeln und zur Untersuchung zum Tierarzt bringen! Häufig mit Flohbefall vergesellschaftet, der dann ebenfalls bekämpft werden muss, sowohl beim Tier, als auch in der Umgebung!

Enthält er unverdaute größere Teile: Fremdkörper wie Holz, Plastik, Kerne usw. – unbedingt darüber nachdenken, bei welcher Gelegenheit der Hund an diese Fremdkörper gelangte und diese entfernen; handelt es sich um große Stücke von Gemüse und Früchten, wurde nicht ausreichend zerkleinert.

Enthält er unverdaute kleine gelbe Teilchen: Evtl. unverdauter Maisschrot, diesen also kleiner sieben oder länger kochen oder Fertigfutter wechseln bzw. ganz weglassen.

Besteht er aus großer, meist ungeformter Menge, rötlich durch künstliche Farbstoffe oder rote Beete, gelb-ockerfarben durch zuviel Getreide: Dies weist auf zu viel Ballaststoffe hin, also Mengenvergleich anstellen zwischen Futteraufnahme und Ausgeschiedenem! Wenn diese Mengen fast identisch sind, Verdacht auf zu viel unverdauliche Komponenten im Futter oder Pankreasprobleme.

Abgang von hellrotem Blut: Analdrüsen kontrollieren, vielleicht Tumore, Viruserkrankungen, Hakenwürmer, innere Verletzungen. Je nach Menge oder wiederholtem Abgang bitte den Tierarzt aufsuchen! Verdautes Blut ist immer dunkelbraun.

Solutionfinder: Umstellungsplan für gesunde Hunde

Umstellungsgrund: Ich will barfen	Schritt 1: Langsame Umgewöhnung	Schritt 2: Umstellung der Darmflora	Schritt 3	Ziel: Der gebarfte Hund
Welpe	Gewohntes Futter mischen mit wenig rohem Fleisch-Gemüse-Brei	Komponentenanteile, bevorzugt Ca-reiche und modulierende, langsam erhöhen	Individuelles Komponentenfutter abwechselnd mit Fleischknochen und Organen in mittelgroßen Stücken	Gebarfter gesunder erwachsener Hund
Erwachsener Hund	Fasten	Komponentenfutter nach Vorliebe und Verfügbarkeit, Fleischknochen, Organstücke	siehe oben	Gesundheit, klarer Kopf, ausgeglichenes Wesen, glänzendes Fell, Leistungsbereitschaft, Aufmerksamkeit

Solutionfinder:
Umstellungsplan für kranke Hunde

Umstellungsgrund:	Schritt 1: Langsame Umgewöhnung	Schritt 2: Umstellung der Darmflora	Schritt 3	Ziel: Der gesunde gebarfte Hund
Durchfall	Fasten	Komponentenfutter mit stopfenden Komponenten bis über Normalisierung	Individuelles Komponentenfutter abwechselnd mit Fleischknochen und großen Organstücken	Geregelte Verdauung ohne Malheur
Verstopfung, Analdrüsen	Abführen, Fasten	Komponentenfutter mit abführenden Komponenten bis über Normalisierung	siehe oben	Geregelte Verdauung ohne Anstrengung
Bauchspeicheldrüse, schlechte Futterverwertung, starke Abmagerung		Fein zerkleinertes und vermischtes enzymreiches Komponentenfutter, anfangs wenig Fett	Immer enzymreiche Komponenten vorziehen, diese abwechseln, sonst wie oben	Kleinere Kotmenge; durch angepasste Diät u. U. Verringerung der benötigten Medikamente möglich
Allergie	Fasten, siehe Buch: „Allergien beim Hund!“	Allergien austesten wie im Buch beschrieben	Vermeidung der Allergene	Zu 80% Abheilung von Ekzemen, Juckreiz, Verdauungs- und Verhaltensstörungen

Kontakt

Ich möchte noch mehr Hunde und deren Besitzer glücklich machen! Möchten Sie noch mehr wissen? Haben Sie spezielle Fragen? Möchten Sie Ihren Hundeverein, Ihren Züchter, Ihre Hunde haltende Freundin oder Ihren Nachbarn überzeugen? Ich stehe Ihnen für Tagesseminare, Workshops (Wir analysieren zusammen Ihr Futter!) und Vorträge unter www.vera-biber.com zur Verfügung.

Medico curat,
natura sanat!

Der Tierarzt behandelt nur, aber es ist die Natur, die heilt.

Literatur

Angres, V., Hutter, C.-P., Ribbe, L.: „Futter für`s Volk" Droemersche Verlagsanstalt, München, 2002

Biber, Vera: „Hilfe, mein Hund ist unerziehbar" Verlag Hartmut Becker, Marburg, 2004

Biber, Vera: „Allergien beim Hund" Kosmos Verlag, Stuttgart, 2006

Geesing, Hermann: „Die beste Waffe des Körpers: Enzyme" F.A. Herbig Verlagsbuchhandlung, München, 2002

Grimm, Hans-Ulrich: „Die Ernährungslüge" Droemersche Verlagsanstalt, München, 2003

Grimm, Hans-Ulrich: „Der Vitaminschock" Droemersche Verlagsanstalt, München, 2002

Holzer, Sepp: „Der Agrar-Rebell" Leopold Stocker Verlag, Graz, 2003

Naumann, Regina: „Bioaktive Substanzen" Rowohlt Taschenbuchverlag GmbH, Reinbek, 1997

Peden, James A.: „Vegetarische Hunde- und Katzenernährung" Echo Verlag, Göttingen, 2005

Reichholf, Josef H.: „Das Rätsel der Menschwerdung" DTV, München, 1993

Smith, Jeffrey M.: „Trojanische Saaten" Random House GmbH, München, 2004

Über die Autorin

Dr. med. vet. Vera Biber arbeitet seit mehr als 15 Jahren als Tierärztin, nachdem sie in Gießen, Berlin und Melbourne Veterinärmedizin studierte. In ihrer Tätigkeit spezialisierte sie sich auf Diätetik und Naturheilkunde und betrieb zusätzlich zu ihrer Praxis über viele Jahre einen Diätfutterladen.

Seit zehn Jahren arbeitet sie als unabhängige Gesundheitsberaterin für Haustiere und Menschen und hält Vorträge, persönliche Beratungen, Seminare und Workshops (u.a. über die Fütterung des Hundes) im In- und Ausland ab. Themenschwerpunkte im kynologischen Fachbereich sind die gesunde Ernährung, Verdauungs- und Verhaltensstörungen und Allergien.

Neben diversen Fachartikeln erschienen von ihr folgende Bücher:

„Hilfe, mein Hund ist unerziehbar!"
Verlag Hartmut Becker, Marburg, 2004, 4. Auflage

„Allergien beim Hund"
Kosmos Verlag, Stuttgart, 2006

„Gauchopferde Südamerikas: Criollos
Edition Castora, Eigenverlag, 2006

„Hilfe, mein Kind ist unerziehbar"
Verlag Hartmut Becker, Marburg 1999

Stichwortverzeichnis

Aufstoßen 7
Adipositas siehe Übergewicht, Fettsucht 6, 13f, 18f, 25, 27, 79, 122
After 90
Allergie 5, 13, 21, 23, 36, 41, 49f, 56, 66, 72, 74, 77, 81, 85, 88, 93ff, 106, 110, 117, 121f, 129ff, 144, 149, 153, 155
Analdrüsen 45, 80, 150, 152
Blähungen 6, 140f
Bauchspeicheldrüse siehe Pankreas 47, 87, 94, 152
Biophotonen 16, 22, 46, 58
Bakterien 9, 16, 25, 27, 39ff, 46ff, 50f, 61, 69ff, 73f, 80, 86f, 89, 94, 100, 108
Bacillus subtilis 41
Bedarfsnormen 27
Carnivore siehe Fleischfresser 63
Durchfall siehe Diarrhoe 6, 13, 47, 50, 61, 64, 70, 89f, 111, 140f, 152
Erbrechen 6, 15, 65
Eiweiß siehe Proteine 15, 21, 28, 32, 35, 40, 49, 61f, 84, 93ff, 98, 100f, 113, 121, 123, 131, 149
Entgiftung 38, 41, 48, 53, 57, 61, 96, 100, 114, 120, 142
Enzyme 14ff, 19ff, 23, 32, 34ff, 40, 46, 50, 61, 69, 71f, 84, 86ff, 95, 100, 106, 116, 121, 130f, 134, 137, 139, 143f
Erziehungsmethoden 125
Fertigfutter 8, 11, 17, 24ff, 29, 33ff, 39, 46, 55, 68f, 81, 111, 123, 130f, 134, 149f
Futtermenge 83, 100
Fell 26, 76f, 80, 96, 103f, 111, 119, 122f, 137, 140, 142ff, 151
Fett 12, 16ff, 26, 28, 40, 46, 53, 56, 61, 67f, 76, 84, 89f, 100, 102ff, 112f, 118, 121, 123, 135f, 139ff, 144ff, 149, 152
Fettsucht siehe Adipositas, Übergewicht 6, 13f, 18f, 25, 27, 79, 122
Fleisch 10ff, 12, 15f, 17f, 20, 33f, 36f, 39f, 44, 50f, 60, 68ff, 75f, 84f, 90, 93, 96f, 102, 105, 107, 111, 117f, 122, 129, 133, 137, 143, 149, 151
Fleischfresser siehe Carnivore 13, 17f, 20, 22, 39, 54, 68f, 84, 94ff, 99f, 118
Gelenke 6, 27, 79, 81, 89, 90, 119
Gifte siehe Toxine 39, 41, 43, 98, 109, 112f, 115, 141
Haut 26, 57, 77, 95, 105f, 119, 134, 137, 140f
Hyperaktivität 13, 79, 106, 109, 117, 119, 129, 143f

Hirntoxizität 67
Herbivore siehe Pflanzenfresser
Kot siehe Stuhl 20, 30, 39f, 51, 68, 74, 83, 85, 101, 119, 122, 134, 149f
Kohlehydrate 16f, 46, 94, 98, 130, 136
Komponenten 9, 16ff, 21, 23, 29, 30, 45, 54, 56, 65, 75ff, 84ff, 87, 90f, 118, 133, 136, 138f, 143, 145ff, 148ff, 151f
Lactobazillen 84, 87
Makronährstoffe (Mengenelemente) 16
Mikronährstoffe siehe Spurenelemente
Mandeln 80
Maul 9, 27, 45, 73, 100, 106
Pankreas siehe Bauchspeicheldrüse 47, 87, 94, 152
Proteine siehe Eiweiß 16f, 46, 49, 73, 86, 93, 95, 96f, 98, 106, 123, 136, 140
Pflanzenfresser 18, 100, 138
Rotation 21, 133
Stuhl siehe Kot 55, 65, 76, 79, 89, 90, 119
Spurenelemente siehe Mikronährstoffe 16, 21, 24, 102, 137, 139
Sekundäre Inhaltsstoffe 16, 137
Stubenreinheit 6, 40, 64, 79, 119
Toxine siehe Gifte 38, 69, 130
Trockenfutter 11, 13f, 25, 38, 40, 42, 44, 54f, 60, 66, 70, 73f, 76, 83, 86, 91, 94, 125, 130, 149
Übergewicht siehe Adipositas, Fettsucht 6, 13f, 18f, 25, 27, 79, 122
Ultraspurenelemente 16, 27, 137
Verstopfung 14, 18f, 44, 70, 83, 149, 152
Vitalstoffe 11, 16f, 23
Vitamine 16, 18f, 21ff, 24, 29, 40, 58, 65, 69, 71, 90, 92, 102, 104f, 107f, 115, 117
Verhaltensstörungen 6, 53, 77ff, 103, 110, 151f, 155
Wasser 10, 13, 16, 25, 41ff, 44f, 58, 64, 72, 75, 84
Zähne 27, 91, 99, 135, 143
Zahnprobleme 6, 46

Chemische Kürzel

Ca	Kalzium
Cu	Kupfer
Fe	Eisen
K	Kalium
Mg	Magnesium
Se	Selen
Si	Silizium
Zn	Zink

Eigene Notizen und Anmerkungen

MIRJAM CORDT
HUNDEREICH
CLARISSA V. REINHARDT
DAS UNERWÜNSCHTE JAGDVERHALTEN DES HUNDES
Es würde Knochen vom Himmel regnen
Suzanne Clothier
JAMES O'HEARE
DAS AGGRESSIONSVERHALTEN DES HUNDES
EIN ARBEITSBUCH
ANDERS HALLGREN
DAS ALPHA-SYNDROM
CLARISSA v. REINHARDT
MARTINA SCHOLZ
CALMING SIGNALS
Workbook
MARTINA NAGEL
CLARISSA v. REINHARDT
STRESS bei Hunden
ANNE LILL KVAM
SPURENSUCHE
NASENARBEIT SCHRITT FÜR SCHRITT
SILKE BÖHM
HUND VERMISST!
Calming Signals
Die Beschwichtigungssignale der Hunde
Turid Rugaas
SABINE NEUMANN
TierHEIM
SCHICKSAL ODER CHANCE?!
Elli H. Radinger
Der Verlust eines Hundes – und wie wir ihn überwinden

Eigene Notizen und Anmerkungen